智能制造

陈定方　胥　军◎编著

科学普及出版社

·北　京·

图书在版编目（CIP）数据

智能制造 / 陈定方，胥军编著. —北京：科学普
及出版社，2023.1

ISBN 978-7-110-10366-1

Ⅰ.①智… Ⅱ.①陈… ②胥… Ⅲ.①智能制造
系统—青少年读物 Ⅳ.① TH166-49

中国版本图书馆 CIP 数据核字（2021）第 241421 号

策划编辑	郑洪炜　牛　奕
责任编辑	郑洪炜
封面设计	金彩恒通
正文设计	中文天地
责任校对	吕传新
责任印制	徐　飞

出　　版	科学普及出版社
发　　行	中国科学技术出版社有限公司发行部
地　　址	北京市海淀区中关村南大街 16 号
邮　　编	100081
发行电话	010-62173865
传　　真	010-62173081
网　　址	http://www.cspbooks.com.cn

开　　本	710mm×1000mm　1/16
字　　数	138 千字
印　　张	10.25
版　　次	2023 年 1 月第 1 版
印　　次	2023 年 1 月第 1 次印刷
印　　刷	北京盛通印刷股份有限公司
书　　号	ISBN 978-7-110-10366-1 / TH·101
定　　价	58.00 元

编写人员名单

陈定方　胥　军　陶孟仑

梅　杰　孙亚婷　陶　飞

单　斌　张　翔　陈　蓉

他序

近年来，智能制造在中国被列为制造强国的主攻方向，自然成为政界、金融界、学术界、工业界等领域关注的热点。

真正要通过智能制造助力制造强国，不仅需要一大批熟练掌握智能制造相关技术的专业人才，还需要社会中更多的人士（如国家工作人员、投资者、学术界和工业界中非智能制造技术直接相关者等）能够理解智能制造的意义及关键点等，从而营造一个能配合、支持、协同企业乃至整个国家推进智能制造的良好人才生态环境，更需要激发一批青少年对智能制造的兴趣和热爱，他们是未来肩负制造强国重任的人才！因此，适合非专业人士及青少年了解智能制造的普及性读物亟须面世。

当前在中国出版的与智能制造相关的专业性著作虽然不少，但普及性读物却鲜见。究其原因，无非是撰写普及性读物比专业性著作更难。在高亮教授和我完成《智能制造概论》的编写后，曾有人试探性地询问我可否写一本关于智能制造的科普读物。本人也曾心动，但思虑再三，知难而退。

一本关于智能制造的普及性读物，要使非专业人士摆脱犹如盲人摸象般"无明众生"之障，而能睹其貌，识其要，谈何容易？即使把握了撰写的正确方向和思路，搭建了一个良好的架构，真要动笔时，何其难也：去细节而见其要，去复杂而见真谛，去庞杂而见联系，去艰涩而觉趣味……没有对智能制造的深刻洞见，没有对企业智能制造实践的广见多识，没有对智能制造融会贯通、化繁为简的能力，实不可为。然而，让我惊异的是，陈定方教授等人做到了，他们编写的《智能制造》正是体现上述特点的佳作。

《智能制造》从制造展开，谈古论今，从"神奇漫长制造史"开始，回顾了近现代工业革命和世界制造业发展的曲折历史、酝酿的背景、宝贵瞬间、变革的科学技术力量与人物，及至当今主要工业发达国家推进智能制造的"各国秘籍"，展望了智能制造未来发展的美丽画卷。

该书从"智能制造点线面"系统介绍了智能制造内在含义、系统架构，从广度、梯度与深度等几个层次剖析了各个维度含义。

读者从书中可以了解到变革时代的前沿技术如何给智能制造的发展增加引擎动力。可视化、沉浸互动的虚拟现实、增强现实、混合现实延伸了人们视觉与构想的空间；增材制造、3D 打印、4D 打印为制造和创造增添了无限可能；人工智能、数字孪生、智能感知、普适计算、无人驾驶、无人机、智能机器人以及无处不在的数字化及智能化深刻地改变着制造业，改变着人们的生活，也改变着整个社会；从宏观世界进入微观领域，跨尺度微纳制造如原子层沉积等技术促进了制造领域的突破与发展……这本书能够带领读者进入一个感觉新奇且极易沉思遐想于其中的世界。

特别要指出的是，即使对于智能制造相关的专业人员，这本书也值得一读。毕竟智能制造涉及众多的学科、行业，覆盖企业所有的过程、业务、资源等，其复杂性可想而知，任何一位专业人员很难通晓一切，而学习《智能制造》至少可以使个体的专业技术人员在认识智能制造的过程中减小自身专业的局限性。

《智能制造》这本书的成功固然在于作者的学养和见识，但也离不开多方的支持。想必科学普及出版社的策划与编辑功不可没，还有湖北省科学技术协会、武汉市科学技术协会以及湖北省机械工程学会等的倾力支持都是难能可贵的。

总之，《智能制造》这一精品的问世，殊为不易！

中国工程院院士
华中科技大学教授

2022 年 12 月 12 日

自序

　　"工欲善其事，必先利其器"，制造是人类走向现代文明的重要标志之一，智能制造是制造技术不断推陈出新、改善人类生产方式和生活质量的重要途径。"以史为鉴，可以知兴替"，与时俱进、紧跟前沿，方能判断未来。《智能制造》从"神奇漫长制造史"开始，回顾了近现代工业革命和世界制造业发展的曲折历史，介绍了如今迈向第四次工业革命征途中，具有全球代表性的"隐形冠军"德国、"领头羊"美国、精益生产的发源地——日本等在工业基础、生产理念、教育模式、技术标准、发展规划等方面的异同。启迪智慧、借鉴思考，本书结合中国特有的工业基础、发展现状及优势领域，指出了中国智能制造在未来之路上面临的挑战与机遇。

　　智能制造是一个大的系统，具有丰富的维度与内涵。自"智能制造点线面"起，本书介绍了智能产品如何像人类一样具备感知、思考、判断、决策与执行的智能行为。此外，智能设计的概念与技术、智能装备与工艺具备的要素、智能生产呈现的特点、如何实现智能服务等将在本书得到释疑和解答。

　　智能制造将影响全人类。以工业互联网为基础，在智能制造的主要应用场景开发智能产品、推进智能服务，应用智能装备、建立智能产线、构建智能车间、打造智能工厂，践行智能研发、形成智能物流和供应链体系、开展智能管理，最终实现智能决策，智能制造将走进人们的生活，智能世界将触手可及。在变革时代，革新技术无处不在，它们如何助力智能制造，将在本书中一一展开。

本书通过严谨专业的科普语言、丰富生动的例子与图画、贯穿其中的关键人物与发展历史、多学科交叉的前沿科技，多方位呈现了智能制造的历史、未来及内涵，对人们未来生活的方方面面的影响，以及作为引领变革的核心技术的重要地位，从而奠定青少年重基础、爱科学、勤思考的成长基石，激发他们关注前沿科技、畅想人类未来。

本书即将付梓之际，美国开放人工智能研究中心（OpenAI）于 2022 年 11 月 30 日发布了聊天机器人程序 ChatGPT。它拥有语言理解和文本生成能力，能与人对话，能根据上下文的语境与人进行互动，像人类一样思考、交流。它可以完成诸如创作，翻译，撰写邮件、视频脚本、文案、代码等任务，并给行业在应用实践方面带来诸多想象空间，正确的应用能使它成为人类的好助手。

技术的革新与进步在于进化、开放。ChatGPT 促使传统的搜索引擎技术积极变革。ChatGPT 还在快速成长优化中，只要不断学习训练语境要素，它就能不断变得更快、更准、更强且更智慧。科学技术是一把双刃剑，科学、规范地使用先进技术才能够创造人类社会更加美好的未来，ChatGPT 亦是如此。

本书的科学文本创作团队是湖北省机械工程学会，由陈定方、胥军、陶孟仑、梅杰等编著。第一章由胥军、孙亚婷撰写，第二章由陶孟仑、梅杰、陈定方撰写，第三章由陶孟仑、陈定方撰写，第四章由梅杰、陈定方撰写，第五章由陈定方、胥军、孙亚婷、陶飞、单斌、张翔、陈蓉撰写。全书由陈定方、胥军统稿。

在本书出版之际，感谢"丁汉院士智能制造科普工作室"对本书出版的大力支持，感谢 e-works 数字化企业网 CEO 黄培博士、武汉理工大学智能制造与控制研究所的博士研究生李渤涛等人，以及郑州大学李普林博士、乔洁硕士和中铁第四勘察设计院集团有限公司张银龙硕士为本书撰写所作出的贡献，感谢湖北省机械工程学会理事长丁汉院士、秘书长朱永平、监事长陈万诚对本书出版的大力支持与帮助，感谢湖北省科学技术协会、武汉市科学技术协会对本著作的支持，感谢科学普及出版社为将本书打造为精品出版物所付出的努力。

作者

2023 年 2 月 4 日

智能制造 | 目录 CONTENTS

第一章
神奇漫长
制造史

第二章
智能制造
点线面

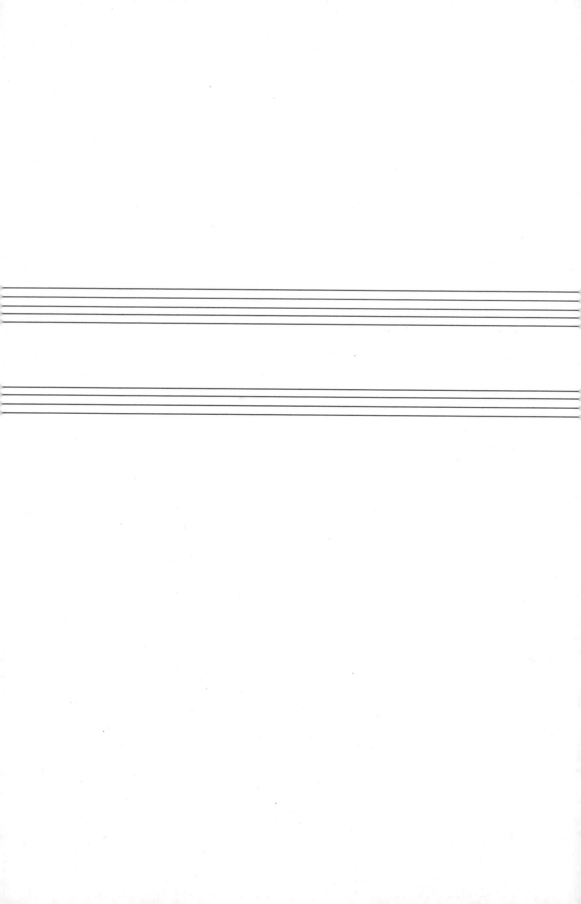

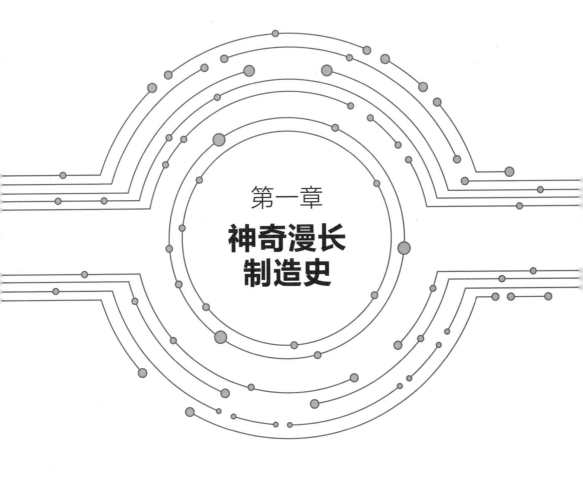

第一章

神奇漫长
制造史

制造是什么？制造，就是把原材料加工成适用的成品或半成品，再用于消费或生产的过程。制造与我们人类日常生活、衣食住行密切相关，是我们人类生存发展的基本保障。没有制造活动，人类将难以生存下去。制造业是国民经济的发动机，全球经济强国基本上都是制造业大国，制造业水平与制造能力决定着一个国家在国际上的核心竞争力。

智能制造，就是通过智能的装备、智能的软件、智能的技术等实现产品研发设计的智能化、生产制造的智能化、服务手段的智能化、产品本身的智能化等。简单地说，是让承担制造工作、服务工作的设备和系统具备类似人一样的智能，去更好、更快、更安全、更环保地进行产品生产或提供相关的服务。这些智能来源于工艺经验的积累、机器系统的自我学习等诸多方面，从而使生产系统 / 服务系统尽可能拥有类似人的智慧去感知环境、分析状况、做出决策、自动执行，甚至自我学习、自我提升与改善。

第一节 制造技术发展的漫漫长路与明星大国

美国历史学者大卫·克里斯蒂安所撰写的《极简人类史》一书，把人类史主要分为三个阶段：采集狩猎时代、农耕时代和近现代。

采集狩猎时代持续时间超过20万年，人类依靠石器和火成功站上了食物链顶端。

农耕时代持续时间大约1万年，人类依靠农业和畜牧业的变革，过上了安定的生活。

近现代最短暂，只有250年，却是变革最为迅速和彻底的时代。在这个时代，人类开启了工业社会新篇章。

让我们先遵循历史的脚步，简单回顾近现代的工业发展进程。

首先来看几组数据：1750—2000年，世界人口从7.7亿左右增长到近60亿，在250年里数量增长了约7倍。根据经济学家安格斯·麦迪森的估算，世界各国国内生产总值在1700—2000年增长了90倍以上，人均生产量提高了9倍。是什么让人类的发展如此迅速呢？

答案是工业革命。由科学技术引领的工业革命，每一次都极大地解放了生产力，使人类社会发生了翻天覆地的变化。

一、全球工业革命的历程

目前，绝大多数人认为工业1.0、2.0、3.0、4.0分别对应着四次工业革命，如图1-1所示。

第一次工业革命，是以蒸汽机为标志的机械化生产。用蒸汽动力驱动的

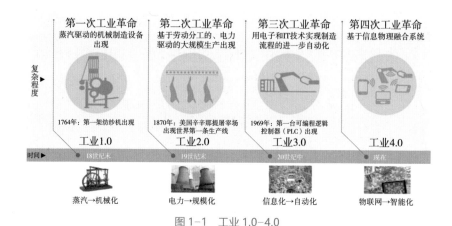

复杂程度 ▶

时间 ▶

第一次工业革命
蒸汽驱动的机械制造设备出现
1764年：第一架纺纱机出现
工业1.0
18世纪末
蒸汽→机械化

第二次工业革命
基于劳动分工的、电力驱动的大规模生产出现
1870年：美国辛辛那提屠宰场出现世界第一条生产线
工业2.0
19世纪末
电力→规模化

第三次工业革命
用电子和ITT技术实现制造流程的进一步自动化
1969年：第一台可编程逻辑控制器（PLC）出现
工业3.0
20世纪中
信息化→自动化

第四次工业革命
基于信息物理融合系统
工业4.0
现在
物联网→智能化

图 1-1　工业 1.0～4.0

机器作业替代手工劳动，从此手工业从农业中分离出来，正式进化为工业。

第二次工业革命，是以电气化为标志的规模化生产。生产的动力主要来源为电力，电力驱动的机器逐步取代了蒸汽动力的机器，实现了规模化的生产，使劳动生产率进一步提升。

第三次工业革命，是以信息技术为标准的自动化生产。工业 3.0 通过电子与信息技术的广泛应用，使得制造过程不断实现自动化，是人类文明史上继蒸汽技术革命和电力技术革命在科技领域里的另一次重大飞跃。

第四次工业革命，具有代表性的工业 4.0 的概念最早诞生在德国。2012 年年底，德国产业经济联盟向德国联邦政府提交《确保德国未来的工业基地地位 – 未来计划"工业 4.0"实施建议》，工业 4.0 概念正式登场，但是至今德国人也没有给出工业 4.0 的准确定义。

在这一节里，我们先主要介绍一下前三次工业革命的简况。

第一次工业革命起源于英国，发生在 1760—1840 年，以蒸汽机的发明和广泛应用为标志，开创了以机器代替手工劳动的时代。蒸汽机的改良使机器的应用得到了普及，机器生产开始替代手工制造。同时，大工厂的建立使大规模的工厂化劳动取代了个体手工劳动，史无前例地解放了人类的生产力，从根本上颠覆了传统的生产方式，同时也改变了社会的生产关系。英国率先完成了第一次工业革命，并凭此很快成为世界霸主，西欧和北美国家也紧随其后。之后，俄国、日本等世界其他国家也相继开展了工业革命。

在第一次工业革命进程中，还有一个有趣的小故事。1764年的一天，织工兼木匠哈格里佛士（John Hargreaves）的妻子珍妮打翻了纺纱车，哈格里佛士看见纺锭直竖起来，仍然在继续转动纺纱，因而得到启发，把8个纺锭竖装在一个机构上，可以同时纺8根纱，这就是"珍妮机"（图1-2）。后来，纺锭又被增加到16个，这样能够生产比过去多15倍的纱。珍妮机结构简单，造价低廉，即便是最小型的珍妮机也抵得上七八个工人的劳动效率。因此，它取代了手工式纺车而逐渐得到了推广。在哈格里佛士去世后10年间，英国已经拥有了2万多台珍妮机，大大提高了纺织的效率。

图 1-2 珍妮机

（图片来源：https://commons.m.wikimedia.org/wiki/File:Zeichnung_Spinning_jenny.jpg）

第二次工业革命依然起源于欧洲，发生在1870—1914年，以电流磁效应、电磁感应的发现以及直流发电机的发明为标志，人类开始大规模使用流水线生产，从"蒸汽时代"进入"电气时代"。在这个时期内，各种新技术和新发明层出不穷，并且与工业生产紧密地结合起来，使得第二次工业革命取得了巨大成果。如今，我们日常生活中常用的电灯、电车、电钻、电焊机等大量电气产品都是在第二次工业革命中问世的。汽车、适用于火车和船舶等重型运输工具的柴油机、内燃机车、远洋轮船、飞机以及新兴通信手段和化学工业等也在第二次工业革命中迅速发展起来。这次工业革命几乎在西方几个发达国家同时进行，比第一次工业革命规模更大、范围更广、发展更迅速。

1879 年 10 月 21 日，美国发明家爱迪生通过长期的反复试验，终于点燃了世界上第一盏有实用价值的电灯。从此，这位发明家的名字，就像他发明的电灯一样，走入了千家万户。当时，爱迪生做了 1500 多次实验，都没有找到适合做电灯灯丝的材料，有人嘲笑他说："爱迪生先生，你已经失败了 1500 多次了。"爱迪生回答说："不，我没有失败，我的成功就是发现了 1500 多种材料不适合做电灯的灯丝。"最后，爱迪生终于找到了物美价廉、经久耐用的竹丝灯丝（图 1-3）。不过，竹丝灯泡中用的竹丝不是直接从竹子上取下来的竹丝，而是做碳化处理后得到的竹丝。碳化处理后的竹丝就像碳棒一样可以导电了，又比一般的碳棒细得多。竹丝灯被用了好多年后，直到 1906 年，爱迪生又改用钨丝作灯丝，使灯泡的质量得到提高，一直被沿用到今天。

图 1-3　爱迪生与爱迪生公司生产的竹丝灯泡

（图片来源：https://commons.m.wikimedia.org/wiki/File:Thomas_Edison2.jpg#mw-jump-to-license、https://commons.m.wikimedia.org/wiki/File:Light_Bulb_Bamboo.jpg）

第三次工业革命起始于 1969 年。这次革命的重要标志是可编程逻辑控制器（PLC）的应用。

电子计算机、生物工程、空间技术和原子能的发明和应用，涉及新材料、新能源、信息技术、生物技术、海洋技术等诸多领域。从 1980 年开始，微型计算机迅速发展，电子计算机及 IT 技术的广泛应用，促进了工业企业的生产自动化和管理现代化。第三次工业革命的代表人物之一冯·诺依曼，是一位伟大的数学家、计算机科学家、物理学家以及化学家。然而，他真正被世人记住的身份是"计算机之父"。

在第三次工业革命中，科学技术在推动生产力的发展方面发挥的作用越来越大，科学技术转化为直接生产力的速度愈发加快。科研探索的领域不断扩展，出现的学科越来越多，分工越来越细，各领域之间的联系不断加强，科学研究向着综合性方向发展，世界文化也呈现出多元化的特点，全球文化联系越来越紧密。同时，与前两次工业革命不同，这次革命不仅极大地推动了人类社会、经济、政治、文化领域的变革，也深刻改变了人类的生活方式和思维方式。

一直以来，人们习惯用十进制来计数。而在 20 世纪 40 年代中期，冯·诺依曼（图 1-4）则大胆地抛弃了十进制，提出采用二进制作为数字计算机的数制基础。同时，他还提出通过让计算机按照人们事前制定的计算顺序来执行数值计算工作。所以，冯·诺依曼被称为"计算机之父"。

图 1-4 冯·诺依曼

（图片来源：https://commons.m.wikimedia.org/wiki/File:John_von_Neumann.jpg）

二、全球制造业的"隐形冠军"——德国

德国制造在全球享誉盛名，优质、耐用、务实、可靠、安全、精密这些词汇都是德国制造的代名词。实际上，德国不仅有大众汽车、西门子、蒂森克虏伯、博世、拜耳等世界五百强企业，还有众多的中小型制造企业。他们业精于勤，在很多细分领域成为全球市场的佼佼者，被称为"隐形冠军"。据统计，在全球 3000 多家"隐形冠军"企业中，德国就有 1300 多家。

"隐形冠军"这个概念由德国著名管理大师赫尔曼·西蒙教授首次提出。他认为"隐形冠军"必须达到以下三个标准：

○ 第一 ▶ 从市场占有率来看，企业是行业全球第一或第二，如市场占有率不明，则对于最大竞争对手而言，必须是领先者。

○ 第二 ▶ 年营业额不超过 10 亿美元（有少数例外）。

○ 第三 ▶ 公众知名度相对较低，产品不为普通消费者所熟悉。

"隐形冠军"到底有多牛？例如，德国伍尔特公司（Wurth），只生产螺丝、螺母等连接件产品，却在 80 多个国家有约 300 家销售网点。其产品的应用更是上至太空卫星，下至儿童玩具，几乎涵盖了所有行业领域，年销售额达 70 多亿欧元。

那么，德国为何能产生这么多"隐形冠军"企业呢？

1. 追求基业长青

有一个有趣的现象，德国制造企业绝大多数是家族企业，其实这和德国企业的发展理念是息息相关的。他们普遍强调保持公司的独立性，追求基业长青，为避免短期行为，德国企业并不将上市作为发展目标。因此，在一代甚至几代人的努力下，德国才会涌现出众多拥有百年历史的"隐形冠军"。

这些"隐形冠军"成为"德国制造"享誉全球的重要支撑。例如，德国施迈茨公司（Schmalz），真空设备领域领导厂商，其负责人曾明确表示，该企业并不追求上市，而是将企业获得的收益用于不断提升研发能力和产能（施迈茨每年的研发投入占销售收入的 8.5%）。

2. 保持专注与专一

隐形冠军都非常专注、聚焦，因为只有聚焦才会做出一流企业。例如，全球医药包装系统的领导者德国乌尔曼公司（Uhlmann），公司管理者的策略是："以前我们只有一个客户，将来我们也只有一个客户。在医药行业，我们只做一件事情，但我们会把它做好。"又比如，德国福莱希公司（Flexi）是自动伸缩牵引绳的市场领导者，公司管理者说："我们只专注一件事情，但我们比其他人做得更好。"如今该公司的产品已经卖到世界上 100 多个国家，它的全球市场份额达 70%。

3. 建立双轨制职业教育体系

德国企业的成功离不开高素质的技术工人。德国有一套"双轨制职业教育培训体系"，核心是企业与职校的合作。"双轨制"就是学生先在职校学习，再到企业中实习，将学校学的知识通过企业实习运用出来，实现理论与实践相结合。同时，这样的制度也迫使职校的教师将时下最新的技术知识融入教学中，从而避免理论教学与实践的脱轨。值得注意的是，德国企业普遍都乐于进行职业教育投资，并且它们对教育的投入占大头。在它们看来，这就是对企业的中长期投资。若要在残酷的企业竞争中存活和发展，大批训练有素的产业技术工人不可或缺。因此，德国企业会承担学生在工厂实习期间的所有费用。例如，全球木材加工机床领导厂商豪迈集团（HOMAG），就设立了专业的培训学校，用于培养高级技工。在学习期间，每位学员不但不需要交纳费用，豪迈集团还会支付他们月工资。完成学业后，学员可以自行选择去留。

三、全球科技创新的"领头羊"——美国

美国凭借强劲的科技创新能力，在第二次世界大战以后很快稳居全球第一经济体的地位。1980年，美国推出著名的《拜杜法案》，极大地促进了政府资助的科技项目取得的成果向企业转化。美国制订了一系列民用技术开发计划，如"先进技术计划"（ATP）。20世纪80年代末期，美国提出了先进制造技术（Advanced Manufacturing Technology，AMT）的概念，并于20世纪90年代中期，提出了先进制造技术的分类目录。

美国先进制造业发展的特点是推动以物联网、工业互联网、云计算、人工智能、虚拟现实（VR）和增强现实（AR）技术为代表的新一代信息技术与制造业融合发展，形成新兴业态。以软件业和互联网产业"领头"，互联网公司与制造企业跨界合作，推动制造业的数字化转型与变革。例如，国际商业机器公司（IBM）通过深度学习技术帮助企业提高产品质量；通用电气公司（GE）通过构建数字孪生模型，为每一台服役中的航空发动机实行实时监控与仿真，从而做到故障预测与预警；以特斯拉为代表的电动汽车动力催生的新能源汽车，迅速带动汽车产业的转型。

但是，由于美国曾经过度强调"向服务业转型"和"去工业化"，导致美国制造业向低成本国家转移，制造业"空心化"态势逐渐严重。在2008年全球金融危机之后，美国政府意识到制造业对于发展实体经济和促进就业的核心支撑作用，开始大力支持制造业发展，出台了"先进制造伙伴计划"（AMP），开始建设国家级制造业创新中心，大力推进智能制造和工业物联网，促进高端制造业回归，强化在制造业上的技术优势。美国在半导体、电子电气、汽车、生物医药、航空航天、国防、新能源、互联网和物联网应用等领域位居世界前列，在工业软件和工业自动化等领域也拥有强大实

力。特斯拉、太空技术探索公司（SpaceX）、苹果、通用电气公司等企业的持续创新为全球先进制造业的发展树立了典范。

美国提出的先进制造技术主要包括三个技术群：

主体技术群，指产品的设计与制造技术，例如计算机辅助设计（CAD）、工艺仿真以及各种材料生产和加工工艺等。

支撑技术群，它指支撑产品设计和制造工艺的基础性技术，例如数据库等信息技术、传感器与控制技术以及各种标准和框架等。

制造技术环境，是为了保证制造技术能够在企业中充分发挥其作用而采取的一系列举措，例如质量管理体系、员工培训和教育等。

2018 年 10 月，美国发布了《先进制造业美国领导力战略》报告，提出了三大目标，展示了未来四年内的行动计划，如表 1-1 所示。该报告认为美国经济实力的引擎和国家安全的支柱是先进制造。

表 1-1 《先进制造业美国领导力战略》概览

三大目标	战略目标	优先计划事项
目标一：开发和转化新的制造技术	抓住智能制造系统的未来	智能和数字制造
		先进的工业机器人
		人工智能基础设施
		制造业的网络安全

续表

三大目标	战略目标	优先计划事项
目标一：开发和转化新的制造技术	开发世界领先的材料和加工技术	高性能材料
		增材制造（Additive Manufacturing）
		关键材料
	确保通过美国国内制造获得医疗产品	低成本、分布式药物制造
		连续制造（CM）
		组织和器官的生物制造
	保持电子设计和制造领域的领导地位	半导体设计工具和制造
		新材料、器件和结构
	加强粮食和农业制造业的机会	食品安全中的加工、测试和可追溯性
		粮食安全生产和供应链
		改善生物基产品的成本和功能
目标二：教育、培训和集聚制造业劳动力	吸引和发展未来的制造业劳动力	以制造业为重点的 STEM 教育
		制造工程教育
		工业界和学术界的伙伴关系
	更新和扩大职业及技术教育途径	职业和技术教育
		培养技术熟练的技术人员
	促进发展学徒并获得行业认可的证书	制造业学徒计划
		学徒和资格认证计划登记制度
	将熟练工人与需要他们的行业相匹配	劳动力多样性
		劳动力评估

续表

三大目标	战略目标	优先计划事项
目标三：提高美国国内制造业供应链的能力	加强中小型制造商在先进制造业中的作用	供应链增长
		网络安全外展和教育
		公私合作伙伴关系
	鼓励制造业创新的生态系统	制造业创新生态系统
		新业务的形成与发展
		研发转化
	加强国防制造业基础	购买"美国制造"
		利用现有机构
	加强农村社区的先进制造业	促进农村繁荣的先进制造业
		资本准入、投资和商业援助

同时，该报告也提出不应再把制造业与产品开发整体价值链分离，而是共同发展。并且在优先开发和转化的技术中不只关注智能制造、人工智能、工业互联网、先进材料、连续制造、半导体等先进技术，也强调了普通药品、关键材料、食品及农产品等技术的重要性。这一态度表明美国不再只关注有更高利润的产品设计及高端制造技术，也开始重视一般甚至低端的制造业在其国内的发展。

现在，制造业新兴就业岗位越来越需要诸如数据分析能力和系统思维等新的技术素养和认知能力，传统教育已经不能满足其需求。因此，美国开始注重发展支持下一代先进制造技术的关键人力资本战略，尤其注重针对表1-1中"目标一"提及的各项技术的劳动力需求，建立具有全球竞争力的美国制造业人才梯队。

四、精益生产的发源地——日本

历经百年的变迁，日本建立了雄厚的制造业基础，体现出不同于西方国家，融合了东方文化、日本民族特点的独特制造文化，在制造业关键零部件领域处于全球领先水平，在装备制造、电子、工业自动化等领域具有强大的竞争力，创造出丰田生产模式（TPS）、阿米巴经营管理模式、持续改善方法、准时制生产方式（JIT）、5S现场管理法等影响全球制造业发展的方法，还有日本独特的造物哲学、"敬天爱人"的企业经营之道，这些都值得我国制造企业深入研究与借鉴。

接下来，着重介绍一下日本制造企业对全球工业管理的革命性创新和卓越贡献——精益生产（Lean Production），它极大地推动了日本制造业尤其是汽车制造企业核心竞争力的提升，也深刻地影响了全球制造企业的管理模式。

精益生产是起源于丰田生产模式的一种管理思想。20世纪初，美国福特汽车公司创立第一条汽车生产流水线，通过大批量生产的方式和标准化的作业降低生产成本，并大幅提高生产效率。美国汽车工业因此迅速成为美国的一大支柱产业。

福特的成功吸引了很多的制造商开始纷纷效仿，其中就包括丰田汽车。1950年，日本的丰田英二（丰田汽车公司前社长）到美国底特律考察福特公司的汽车制造厂。当时这个厂每月的汽车产量比丰田一年的还要多。丰田英二在研究后发现，这种生产方式还可以进行改进。

后来以大野耐一（丰田生产方式的创始人）为代表的丰田人，对福特这种大规模生产方式进行了分析，再根据丰田公司自身面临的问题并结合日本独特的文化背景，逐步创建了一种全新的多品种、小批量、高效益和低消耗的丰田生产方式。这种生产方式成为20世纪80年代末日本在汽车市场的竞争中战胜美国的法宝，后经美国麻省理工学院组织 14 个国家的专家、学者，花费了 5 年时间进行理论论证和总结，被重新命名为"精益生产"。

精益生产的两大原则是准时化和自働化。

准时化源于丰田喜一郎这位丰田创始人的一种设想。丰田喜一郎曾提出，希望在汽车生产过程中，非常准时地把每个必须用到的零部件集中到装配线上，这样工人们每天只需要生产必要的数量即可。大野耐一则将丰田喜一郎的设想落地，这就是大家经常听到的——"准时生产"体系。

为了实现"准时生产"，制造现场需要做两步改变：第一步是将生产线整流化，第二步是实现拉式生产。当时，日本的汽车生产制造方式和车间布局是按照以设备为中心规划的。在学习了福特的流水线生产方式之后，大野耐一首先按照产品的加工工艺来摆放车间设备，形成专线生产。同时，他计算出生产每个产品需要用的平均时间，即节拍时间。这样，生产线就可以按照节拍时间持续流动生产。

在实现拉式生产之前，制造业传统的生产方式是企业的计划部门制订生产计划之后，下发给各个制造车间，然后车间再安排各产线以及工序的生产计划，这是一种推动式的生产模式。然而，由于各工序的生产节拍和故障发生时间都不相同，就会导致相同的时间段内，不同的工序生产的零部件数量是不同的。这样不停地重复生产下去，就会造成零部件库存积压，以及生产线运转不畅。因此，大野耐一创造出拉式生产模式。顾名思义，拉式生产是由后道工序到前道工序取件，从而拉动前道工序的生产。

"自働化"也是大野耐一提出的。看到"自働化"的"働"字，大家是否认为这个字写错了呢？是不是多写了一个人字旁？答案是否定的。日本曾从欧美国家进口了很多自动化设备，大野耐一提出，要让这些自动化机器也有智慧——当机器生产出不合格品时，会"自动"停下来。当然，仅靠机器本身目前还做不到这一点，能做到这一点的还是机器的操作者——人。因此，

"自働化"的"働"带有人字旁，强调了人与机器的最佳结合。这就是"自働化"的由来，同时也是"自働化"不同于"自动化"的核心。

五、从世界工厂迈向制造强国之路——中国

中国的制造业源远流长，在中国经济发展的历史上，一直都扮演着重要的角色，"Made in China"也早已被世界熟知。特别是近几十年，经过快速发展，中国已经成为名副其实的"世界工厂"。

中国正在从世界工厂迈向制造强国：中国的桥梁建造世界闻名；新能源汽车正在世界汽车工业"弯道超车"；高铁、磁悬浮列车技术闪耀于世界高速轨道交通的舞台；5G 通信技术领跑世界；特高压输电技术跨越河流平原、崇山峻岭走向了世界；基建盾构机技术在世界上占有一席之地；遍布世界主要港口的中国港口装备是又一张闪耀的中国名片……还有很多领先世界的中国技术不胜枚举。这些都是制造强国的象征，也是中国人自豪与骄傲的源泉。

如何在纷繁复杂的全球政治经济环境下，把握竞争的先机？中国制造业的转型升级、提质增效之路在哪里？最根本的方向就是智能制造。智能制造是工业 4.0 的核心技术，也是一个国际上普遍认可的理念。

从"十五"（国家的第十个五年计划）期间推进制造业信息化，到"十一五"推进两化融合，再到"十二五"推进两化深度融合，"十三五"期间，国家开始大力推进智能制造，成为中国制造由大变强的突破口。一方面，推进智能制造是我国制造企业自身的迫切需求。企业在激烈的竞争中必须依靠新兴技术开发高附加值的产品，通过智能制造的方式来降低成本、提高质量，实现劳动者人数尽可能精简（少人化）。而且，在当前面临小批量、多品种、个性化等复杂的生产态势下，智能制造能够实现大批量定制，从而建立差异化竞争优势，因此，产生了对推进智能制造技术的迫切需求。另一方面，推进智能制造是政府推动经济发展的必然要求。一个国家要保持经济的

持续发展，必须找到一把"金钥匙"，既能带动制造业转型升级、提质增效，又可以促进物联网、云计算、人工智能制造等相关技术的发展，为这些技术建立适合的应用场景，智能制造就是这把"金钥匙"。

因此，推进智能制造，已成为我国政府和企业的共识，也是培育我国经济增长新动能、抢占科技发展制高点的战略选择，对于推动我国制造业供给侧结构性改革，打造我国制造业竞争新优势，建设制造强国具有重要战略意义。

第二节 智能制造的大国招数与 "武林秘籍"

当前，全球经济形势错综复杂，传统增长引擎对经济拉动作用逐步减弱。同时，信息通信技术的快速发展和深入应用，互联网与制造业的相互促进和加快融合，增材制造、大数据、人工智能、工业互联网等使能技术和精益生产、柔性制造、绿色制造等发展理念共同发力，驱动着新一轮的产业革命，全球制造业正处于大融合、大变革、大调整、大发展的关键时期。

先进制造技术正在向数字化、网络化、智能化方向发展。全球主要工业发达国家均将智能制造作为重振制造业发展战略的重要抓手，积极抢占价值链制高点，不断扩大竞争优势。2012 年，美国发布了 "先进制造业国家战略计划"，提出 "再工业化" 的高端制造业回归战略，随后，德国提出 "德国工业 4.0 战略"，日本提出了 "日本再兴战略"，法国提出了 "新工业法国"，英国提出了 "英国工业 2050 战略"，韩国提出了 "新增动力战略" 等。

我国也提出了制造强国建设的重大规划和系列举措，决定通过三个十年的努力使中国成为全球制造强国，其中，《中国制造 2025》是我国实施世界制造强国战略的第一个十年的行动纲领，其核心内容之一是以两化深度融合为主线，以智能制造为主攻方向。

下面，我们来简要分析主要制造业大国推进智能制造的 "抓手"。

一、德国：工业 4.0

工业 4.0 是在德国国家战略层面上实现创造工业价值的手段。但工业 4.0 为何会诞生于德国？业界普遍认为有以下三点原因。

1. 开拓工业产品出口新市场

德国是一个工业产品外向型的国家，国内市场需求有限。因此，德国凭借着举世闻名的先进设备和自动化的生产线，从装备和工业产品的出口中获得了巨大的经济回报。但从 2006—2011 年德国工业出口总值看，5 年来几乎没有任何增长，在一定程度上影响了德国经济的发展，德国需要寻找扩大海外市场的突破口。

2. 增强工业产品持续盈利能力

制造企业正在从一个单纯的从事生产、制造、销售的生产型制造企业，逐渐转型上升为基于产品提供综合服务的服务型制造企业。德国制造业需要改变只卖产品而服务型收入比重较小的现状，往价值链的高端转移，提升工业产品的持续盈利。

3. 成为新游戏规则的制定者

在过去 20 年，美国引领的互联网革命深深改变了人类的生活方式，并涌现出谷歌、亚马逊、微软、苹果等一大批互联网和软件企业，同时也掌握着制造业的命脉。为了与第三次工业革命中的赢家美国竞争，德国迫切希望阻止信息技术对制造业的支配，进而引领新一轮工业革命，成为新游戏规则的制定者。

因此，德国并没有遵循美国发展互联网的路径，而是结合自身的传统制造业优势，在国家层面推出了"工业 4.0 战略"，"工业 4.0 战略"是德国针对自身特点推出的超越计划。

"工业 4.0 战略"于 2013 年 4 月由德国在汉诺威工业博览会上正式推出，

其核心是通过信息物理系统（Cyber-Physical System，CPS）构建一个高度灵活的个性化和数字化的智能制造模式，实现车间工人、生产设备与制造产品之间的实时互联、相互识别和有效沟通。总的来说，"工业 4.0 战略"可以概括为：建设一个网络、研究两大主题、实现三项集成、实施八项计划。

建设一个网络

即建立信息物理系统（CPS）网络，这是实现工业 4.0 的基础。CPS 是由信息世界（Cyber）和物理世界（Physical）组成的系统。在制造领域，信息世界指工业软件和管理软件、工业设计、互联网和移动互联网等；物理世界指能源环境、人、工作环境、工厂以及机器设备、原料与产品等实体。这两者一个属于虚拟世界，一个属于实体世界；一个属于数字世界，一个属于物理世界；将两者实现一一对应和相互映射的是物联网，通过物联网可实现虚拟网络世界与现实物理世界的融合。CPS 可以将生产资源、制造信息、生产设备以及车间工人紧密联系在一起，形成一个智能的生产环境。

研究两大主题

即研究智能工厂和智能生产，这是实现工业 4.0 的关键。智能工厂由智能的生产系统和网络化的生产设施组成，是实现智能制造的关键基础设施。智能生产聚焦将先进制造技术融入生产制造过程中，例如将增材制造、AR、人机互动等技术用于生产活动中，形成灵活、高效、互联的制造产业链。

实现三项集成

即实现横向集成、纵向集成与端到端的集成。横向集成指产业链中的各个企业之间的无缝合作与资源整合；纵向集成主要指经营管理系统与制造业的工厂自动化整合；

端对端集成指产品的生命周期，从产品设计、生产规划、生产工程、生产实施到服务等环节的集成。最终，工业 4.0 可以实现人与人、人与设备、设备与设备及服务与服务之间的互联。

实施八项计划

一是实现标准化并建立参考架构；二是管理复杂系统；三是建立可靠、全面、高品质的工业宽带基础设施；四是保障信息安全、物理安全和功能安全；五是工作的组织和设计；六是培训和持续的职业发展；七是建立新的监管框架；八是考虑资源利用效率。

2015 年，德国电工电子与信息技术标准化委员会（DKE）对德国的工业 4.0 标准化工作进行顶层设计，并公布了工业 4.0 参考架构（RAMI 4.0），如图 1-5 所示。工业 4.0 参考架构共分成三个维度：层次结构、生命周期和价值流、系统层级。

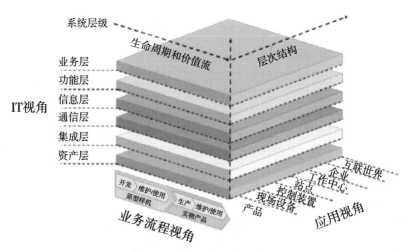

图 1-5 德国工业 4.0 参考架构

工业 4.0 参考架构共分成三个维度

层次结构 ▶ 图 1-5 中的右侧水平轴表示层次结构，这些层次结构表示工厂或设备的不同功能，包括产品、现场设备、控制装置、站点、工作中心、企业和互联世界。

生命周期和价值流 ▶ 图 1-5 中的左侧水平轴表示生命周期，是全价值链的纵向集成，即在企业内部通过采用 CPS，实现从产品设计、研发、计划、工艺到生产、服务的全价值链的数字化。在业务体系中，定义了技术全生命周期的维度。这里对"类型"和"实例"进行了区分，当完成了设计和原型，实际产品开始加工制造时，一种类型就变成了一个实例。

系统层级 ▶ 图 1-5 中纵轴则基于实现层面，用 6 个层对系统的性能进行逐层结构化分解，分别为业务、功能、信息、通信、集成、资产。

在这三个轴上，工业 4.0 的所有关键方面均可被映射，该参考架构使得我们逐步进入工业 4.0 时代。工业 4.0 参考架构是我们窥探未来工业技术要素全景的钥匙。

在这种模式下，产品的生产制造不再需要规模效应，可以向个性化定制转变，甚至可以完全按照用户的个人意愿进行单件产品的制造。未来，用户可以参与到产品生产制造的全过程中，而不是只参与部分过程。

二、美国：工业互联网

2008 年全球金融危机爆发后，产业空心化在新一轮的挑战下愈演愈烈，为重振本土工业，再工业化成为危机之后经济复苏的重要引擎。美国再工业化最根本的特点就是"互联网＋工业"，互联网正在成为驱动工业变革的核心力量。美国的再工业化不是简单的实体经济回归，而是实体经济升级，互联网是升级的基础和工具。

工业互联网，这个概念最早是在 2012 年由通用电气公司首次提出的。通用电气公司是世界上最大的多元化服务性公司，拥有多种类的制造业产业，从飞机发动机到发电设备、照明、塑料等。而正是基于通用电气公司庞大的产品体系、强大的制造业技术实力，以及物联网经验，它发布了首份工业互联网白皮书，倡导将人、数据和设备连接起来，形成开放而全球化的工业网络。工业互联网的内涵已经超越制造过程本身，包含了产品生命周期的整个价值链。工业互联网和工业 4.0 相比，更加注重数据传输和数据分析。

在这份白皮书中，通用电气公司定义了工业互联网的核心元素，并提出了"the Power of 1 Percent"（1% 的力量）的概念，详细阐述了在全球的工业中节省 1% 能够带来的潜在价值。例如，在航空业，如果节省 1% 的燃油消耗，在 15 年内能够节省 300 亿美金；而在油气行业，在固定资产减少 1% 的投入，就能带来 900 亿美金的价值。所以通用电气公司认为工业互联网的推广能够给全球的工业带来巨大的经济价值。

那么，工业互联网具体是如何为企业带来巨大经济价值的呢？

任何一台设备的能力都是有限的，不论如何提升效率，总会达到极限。但是，当各种各样的机器都接入同一个高效运行的网络中，并且机器之间都有信息交互的能力时，就如同形成了一个复杂的神经元系统，可以优化整体运营效率。在工业互联网概念出现之前，其实人们已经在一定程度上实现了设备互联，实现信息交互。但是，由于成本太高，工业企业并没有大范围的联网。而工业互联网的价值就在于：一是使联网节点数大量增长；二是构建"云端"的数据分析系统，快速地从海量数据中提取有价值的信息。做到互联、互通、互动、互励。

例如，虽然通用电气公司过去生产的飞机引擎也会采集故障信息，但是这种"事后分析"只是单纯地累积了设备维修经验，却不能起到预警作用。因此，通用电气公司要求每一台引擎都保留每一次的飞行数据，并在飞行过程中实时将数据传回数据中心进行分析。据此，通用电气公司就能给飞机引擎提供预测性维护，减少了停机时间，经济性和安全性都得到更好的优化。

随后，2014年3月，通用电气公司、国际商业机器公司、思科公司、英特尔公司和美国电话电报公司五家行业龙头企业联手组建了工业互联网联盟（Industrial Internet Consortium，IIC），其目的是通过制定通用标准，打破技术壁垒，使不同制造商的各个设备之间可以实现数据共享，将互联网更好地应用于传统制造业的生产过程中，从而促进物理世界和数字世界的融合。

2015年6月，IIC发布工业互联网参考架构（Industrial Internet Reference Architecture），如图1-6所示，该文件定义了工业互联网系统的各要素，以及为要素之间的相互关系提供了通用语言。

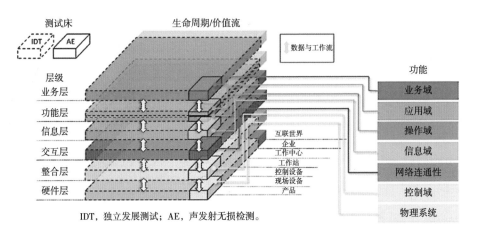

图1-6 工业互联网参考架构

工业互联网系统由智能设备、智能系统和智能决策三大核心要素构成。智能设备指的是将信息技术嵌入设备中，从而形成可以互联与交互的设备。当越来越多的智能设备联入工业互联网，与各种传统的网络系统整合到一起，就组成了智能系统。智能设备收集与存储信息之后，利用大数据分析工具就可以帮助决策者进行实时判断和处理。由此可见，美国采用的是基于最新的信息和通信技术，结合早期多个先进的制造模式来构建一个先进制造业的体系。

2016 年 2 月，美国国家标准与技术研究院（NIST）工程实验室系统集成部门发表《智能制造系统现行标准全景图》，提出了智能制造生态系统。美国智能制造生态系统模型如图 1-7 所示，有三个维度，包括产品、生产工厂和业务，每个维度代表独立的全生命周期。

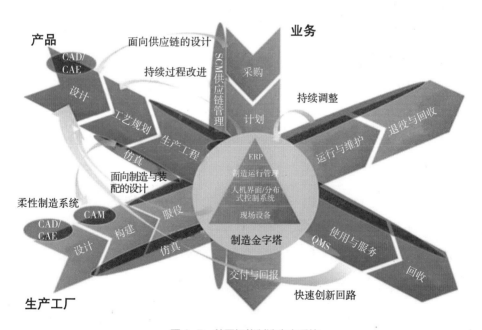

图 1-7　美国智能制造生态系统

产品：包括 5 个阶段，分为设计、工艺规划、生产工程、使用与服务、回收。围绕这 5 个阶段从 5 个角度出发进行分类，分别是建模实践、产品模型和数据交换、制造模型数据、产品目录数据、产品生命周期的数据管理。

业务：包括 3 个阶段，分为采购、计划、交付与回报。

生产工厂：包括 5 个阶段，分为设计、构建、服役、运行与维护、退役与回收。

三、日本：工业价值链参考架构

日本应该是世界上最早由政府推进智能制造计划的国家，1989 年即提出"智能制造系统国际合作计划"（IMS 计划），是当时全球制造领域内规模最大的一项国际合作研究计划，1995 年正式实施。但其后智能制造影响力日渐减弱，2010 年，日本退出 IMS 计划。

2016 年 12 月，日本工业价值链参考架构（Industrial Value Chain Reference Architecture，IVRA）的正式发布，标志着日本智能制造策略正式落地。日本的工业价值链参考架构与上两节中提到的——德国工业 4.0 参考架构和美国工业互联网参考架构相比，性质类似，但特点各异，为日本智能工厂提供了基本的互联互通模式，是日本智能制造独立的顶层框架。

工业价值链参考架构基本上与工业 4.0 参考架构类似，也是一个三维模型，如图 1-8 所示。这个三维模型由一个个小方块组成，这些小方块被称为"智能制造单元"（SMU）。如果将产品生产现场看作一个单元，那么可以通过资源情况、执行情况和管理情况三个维度进行评估。这三个维度分别对应方块中的三个轴，纵向作为"资源轴"，分为员工层、流程层、产品层和设备层；横向作为"执行轴"，分为计划、执行、检验、改善（PDCA 循环）；内向作为"管理轴"，分为质量、成本、交货期、环境（QCDE 活动）。

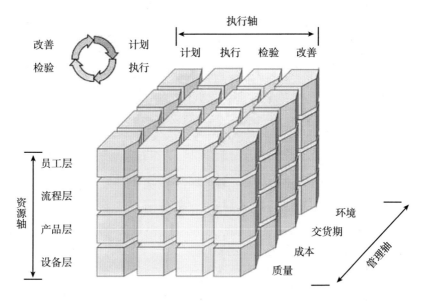

图 1-8　工业价值链参考架构中的三维模型

多个智能制造单元的组合被称为"通用功能块"（GFB），而智能制造单元之间的联系被定义为"轻便载入单元"（PLU）。轻便载入单元在保证安全和可追溯的条件下，实现了不同智能制造单元之间资产的转移，模拟了制造活动中物料、数据等有价资产的转化过程，从而真实地反映了企业内和企业间的价值转换情况，充分体现了价值链的思想。

同时，智能制造单元的建模方法更加强调将先进管理思想融入模型中，并强调人在制造体系中的作用。

随着工业价值链参考架构的发布，日本智能制造终于在数字模型领域与德国工业 4.0、美国工业互联网形成对标性的参考架构。2018 年 6 月，日本经济产业省发布《日本制造业白皮书（2018）》，明确将互联工业作为制造业发展的战略目标。互联工业强调"通过各种关联，创造新的附加值的产业社会"，包括物与物的连接、人与设备及系统之间的协同、人与技术相互关联、既有经验和知识的传承，以及生产者与消费者之间的关联，强调了技术的传承，通过新老技术工人的知识传递来创造更多价值。

四、中国：制造强国战略

打造具有国际竞争力的制造业，是我国提升综合国力、保障国家安全、建设世界强国的必由之路。为了加快缩小我国与全球制造强国之间的明显差距，我国在 2015 年提出了《中国制造 2025》，推进实施制造强国战略。

《中国制造 2025》的主要内容包括哪些方面呢？简单地说，就是"一二三四五五十"的总体结构，如图 1-9 所示。

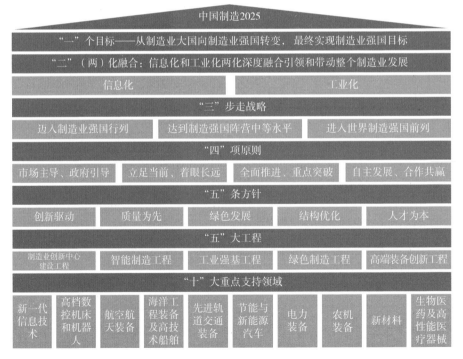

图 1-9 《中国制造 2025》的内容框架

可以概括为一个目标、两化融合、三步走战略、四项原则、五条方针、五大工程和十大重点领域。《中国制造2025》指出，要通过信息化和工业化的深度融合以引领和带动制造业的发展，最终实现制造强国的目标。而这一目标的实现则分为三步走，每一步用时十年左右。在实现过程中应遵循四项原则、五条方针，同时还要实行五大工程，并指出了十大重点支持领域。具体内容参见图1-9。

其中，智能制造工程是五大工程之一。《中国制造2025》提出了这样的目标：到2020年，制造业重点领域智能化水平显著提升，试点示范项目运营成本降低30%，产品生产周期缩短30%，不良品率降低30%。到2025年，制造业重点领域全面实现智能化，试点示范项目运营成本降低50%，产品生产周期缩短50%，不良品率降低50%。

2016年，国家工业和信息化部印发了《智能制造工程实施指南（2016—2020）》《智能制造发展规划（2016—2020年）》。

五、推进智能制造的各国特色

如果对德国、美国、日本、中国的制造企业推进智能制造的驱动模式做一个简要比较，可以总结出一些不同点和相同点。

从不同点来看，美国是创新驱动，以互联网、信息通信技术、物联网技术引领。德国是工艺驱动或质量驱动，注重工控技术、底层设备和工匠精神，产生了一批隐形冠军企业。日本由于土地资源、物料资源、人力资源有限，日本是效率驱动，注重以最小的投入、最低的成本发挥最大的效益，所以产生了精益生产的思想。在日本很多地方，都能看见精益思想贯彻得非常彻底，哪怕是垃圾的处理，都非常规范、非常严苛。中国是要素驱动，总以为人口资源、土地资源、自然资源丰富，常讲地大物博，现在亦已经意识到必须要转变了。

从相同点来看，第一，这些国家不是一味追求无人工厂、机器换人，而是强调人机有效协作，甚至人机共融。第二，注重精益求精，注重实用化、标准化、智能化，以及简便自动化。比如说日本有一家企业，它在全球的很多国家都有分公司，但是全球员工只有 50 多人，开发人员只有 5 人，只专注于研究算法。第三，不翻炒和翻新概念，讲究实用、实战、实效。我们中国人很多时候是用概念来解释概念，以文件来传达文件，以会议来落实会议，实际上难以真正务实。第四，不搞全民化运动。第五，通过防呆、防错、安灯、示教等多种手段，确保产品质量。第六，注重大数据的第 5V——真实性，从数据分析中去发现改进工艺、提升管理的瓶颈问题。

六、智能制造的本质与未来

智能制造如此重要，全球主要工业大国争先恐后出台各种战略规划，那么智能制造的本质到底是什么呢？

智能制造的本质和真谛是利用先进技术（如数字化、网络化、大数据、人工智能等）认识和控制制造系统中的不确定性问题以达到更高的目标。

中国工程院李培根院士在《浅说智能制造》一文中指出，不确定性问题有两大类。一是客观不确定性，如加工过程中质量的不确定性、产品运行的性能表现不确定性等。二是主观不确定性，也称人的认知不确定性。无论是客观不确定性，还是主观不确定性，只有得到相应历史数据才可能具有认识不确定性的基础。人机智能时代正在到来，智能制造未来的发展将如何？在这里，"知识工程"将发挥越来越大的作用，工程师的大部分脑力劳动可能被智能系统所取代，虚拟空间与现实空间的界限将变得更模糊，AR、混合现实技术（MR）将得到更多应用。那么，当未来的制造系统越来越"智能"的时候，人的作用到底是什么呢？人和智能系统如何做到和谐相处、相互协作？这里还有更多的未知问题，需要去做更深入的探究，这也给年轻一代带来了未来发展的空间和机会。

参考文献

［1］克里斯蒂安. 极简人类史：从宇宙大爆炸到 21 世纪［M］. 王睿，译. 北京：中信出版社，2016.

［2］西蒙. 隐形冠军：未来全球化的先锋［M］. 张帆，吴君，刘惠宇，等译. 北京：机械工业出版社，2015.

［3］韩芳. 美国《先进制造业美国领导力战略》深度解读［EB/OL］.（2018-11-01）［2021-10-13］. http://www.sohu.com/a/272640752_465915.

［4］国务院. 国务院关于印发《中国制造 2025》的通知［R/OL］.（2015-05-19）［2021-10-13］. http://www.gov.cn/zhengce/content/2015-05-19/content_9784.htm.

［5］国务院. 关于深化"互联网 + 先进制造业"发展工业互联网的指导意见［R/OL］.（2017-11-27）［2021-10-13］. http://www.gov.cn/zhengce/content/2017-11-27/content_5242582.htm.

［6］李培根. 浅说智能制造［J］. 科技导报，2019，37（8）：1.

［7］李培根. 软能力，硬道理［EB/OL］.（2016-09-20）［2021-10-13］. http://articles.e-works.net.cn/plmoverview/Article130798_1.htm.

［8］新华社. 李培根：加快智能制造"使能工具"的自主研发［EB/OL］.（2016-03-11）［2021-10-13］. http://www.npc.gov.cn/npc/c10134/201603/506bd17855e24275a4941bd3ef017b2a.shtml.

［9］李伯虎，张霖，等. 云制造［M］. 北京：清华大学出版社，2015.

［10］黄培. 对智能制造内涵的系统思考［EB/OL］.（2016-03-24）［2021-10-13］. http://blog.e-works.net.cn/6399/articles/1342472.html.

［11］胥军. 工业互联网，谁给谁织网［EB/OL］.（2019-03-13）［2021-10-13］. http://blog.e-works.net.cn/49171/articles/1364028.html.

［12］运维之路. 从《黑客帝国》看数字孪生［EB/OL］.（2019-02-19）［2021-10-13］. https://www.sohu.com/a/295788886_722396.

［13］刘亚威. 美国洛马公司利用数字孪生提速F-35战斗机生产［EB/OL］.（2017-12-27）［2021-10-13］. http://news.rfidworld.com.cn/2017_12/a0a69e05dc947975.html.

［14］BONGARD A, HOFFMANN D. Digital twins play a role in all digitalization projects but data consolidation slows down implementation［EB/OL］.（2019-01-04）［2021-10-13］. http://www.automotiveit.com/news/digital-twins-play-a-role-in-all-digitalization-projects-but-data-consolidation-slows-down-implementation-2/.

［15］GEORGE S M, OTT A W, KLAUS J W. Surface chemistry for atomic layer growth［J］. The journal of physical chemistry, 1996, 100（31）: 13121-13131.

［16］GEORGE S M. Atomic layer deposition: an overview［J］. Chemical reviews, 2010, 110（1）: 111-131.

［17］KNEZ M, NIELSCH K, NIINISTO L. Synthesis and surface engineering of complex nanostructures by atomic layer deposition［J］. Advanced materials, 2007, 19（21）: 3425-3438.

［18］JOHNSON R W, HULTQVIST A, BENT S F. A brief review of atomic layer deposition: From fundamentals to applications［J］. Materials today, 2014, 17（5）: 236-246.

［19］NALWA H S. Handbook of thin film materials［J］. Handbook of thin films, 2002, 5（9）: 103-156.

[20] GRANNEMAN E, FISCHER P, PIERREUX D, et al. Batch ALD: Characteristics, comparison with single wafer ALD, and examples [J]. Surface and coatings technology, 2007, 201（22-23）: 8899-8907.

[21] CAO K, SHI L, GONG M, et al. Nanofence stabilized platinum nanoparticles catalyst via facet-selective atomic layer deposition [J]. Small, 2017, 13（32）: 1700648.

[22] WEN Y W, CAI J M, ZHANG J, et al. Edge-selective growth of MCp_2（M=Fe, Co, and Ni）precursors on Pt nanoparticles in atomic layer deposition: A combined theoretical and experimental study [J]. Chemistry of materials, 2019, 31（1）: 101-111.

[23] XIANG Q Y, ZHOU B C, KUN W, et al. Bottom up stabilization of $CsPbBr_3$ quantum dots-silica sphere with selective surface passivation via atomic layer deposition [J]. Chemistry of materials, 2018, 30（23）: 8486-8494.

[24] MINH D N, KIM J, HYON J, et al. Room-temperature synthesis of widely tunable formamidinium lead halide perovskite nanocrystals [J]. Chemistry of materials, 2017, 29（13）: 5713-5719.

[25] LIU X, ZHU Q Q, LANG Y, et al. Oxide-nanotrap-anchored platinum nanoparticles with high activity and sintering resistance by area-selective atomic layer deposition [J]. Angewandte chemie, 2017, 56（6）: 1648-1652.

[26] YANG J Q, ZHANG J, LIU X, et al. Origin of the superior activity of surface doped $SmMn_2O_5$ mullites for NO oxidation: A first-principles based microkinetics study [J]. Journal of catalysis, 2018, 359: 122-129.

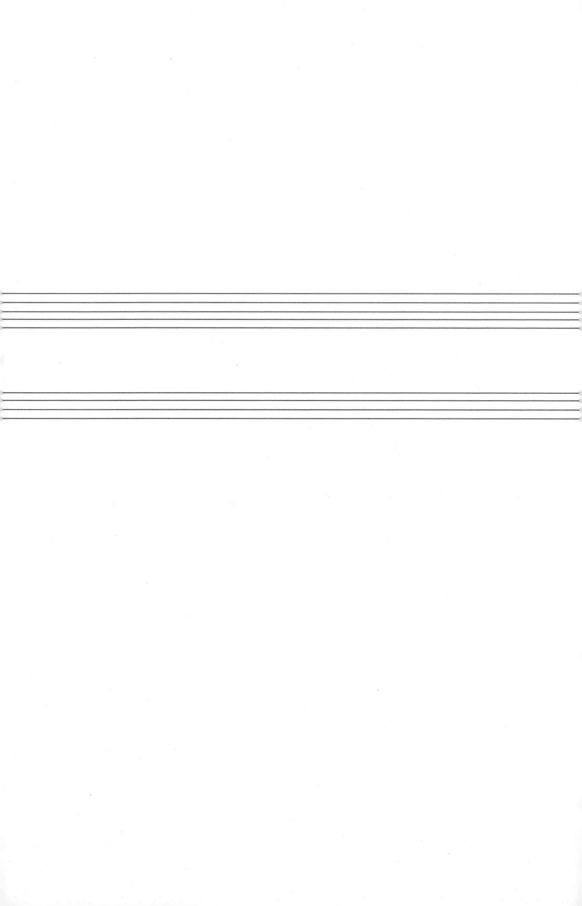

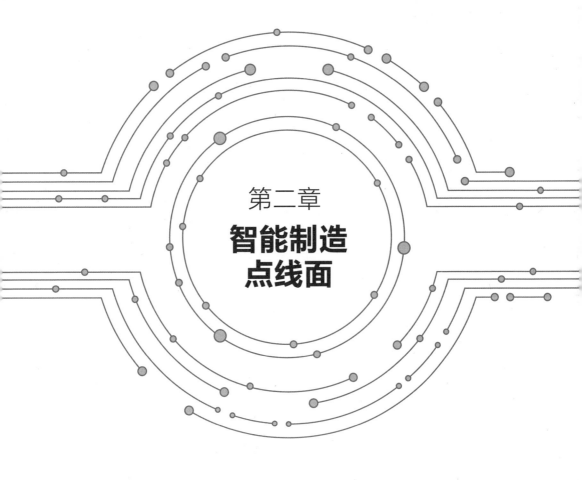

第二章

智能制造
点线面

第一节 何谓智能制造

什么是智能制造？回望不同阶段的工业革命，面向人类未来的新发展，从工业发展进程的差异性、共同性及特点性和未来国家地区战略规划的角度出发，不同的国家（美国、中国等）和地区（如欧盟）给出了自己的基本定义，因为形式上有所差异，所以理解和关注到其相近的内涵和共同的要素显得很重要，在未来，我们将拥抱智能制造的大同时代，感知其百花争艳的场景。

一、美国定义

美国对智能制造的定义是先进传感、仪器、监测、控制和过程优化的技术和实践的组合，它们将信息和通信技术与制造环境融合在一起，实现工厂和企业中能量、生产效率、成本的实时管理。在该定义中，智能制造需要实现四个目标：①产品智能化；②生产自动化；③信息流与物资流合一；④价值链同步。

二、中国定义

2015 年，我国工业和信息化部将智能制造定义为基于新一代信息技术，贯穿设计、生产、管理、服务等制造活动各个环节，具有信息深度自感知、智慧优化自决策、精准控制自执行等功能的先进制造过程、系统与模式的总称。具有以智能工厂为载体，以关键制造环节智能化为核心，以端到端数据流为基础、以网络互联为支撑等特征，可有效缩短产品研制周期、降低运营成本、提高生产效率、提升产品质量、降低资源能源消耗。

三、欧盟定义

欧盟作为一个区域国家的联盟，它对智能制造定义所产生的背景是信息化的快速发展及其融入工业生产中无处不在的状态。工业 4.0 意味着在产品生命周期内对整个价值创造链的组织和控制提出新的要求，从创意设计、订单需求到研发投入、生产制造、产品交付、服务维护，再到废物循环利用，在各个阶段都能更好地满足日益个性化的客户需求，信息的网络化实时共享、数据驱动价值创造是其关键。以此为基础，通过人、物和系统的连接，实现企业价值网络的动态建立、实时优化和自组织，根据不同的标准对成本、效率和能耗进行优化（《德国工业 4.0 战略计划实施建议》，2013 年 4 月）。

四、赋制造以智能

赋予制造智能化，使制造的产品、过程和系统能展现和具有人类一样的感知能力、判断能力、执行能力，同时结合其强大的计算能力、存储能力、通信能力和可视化能力优势，这一切的基础是我们对人类大脑功能及其各种行为的探索和认知。在人的大脑中，有左右脑（包括中脑和小脑）不同的功能区，其中左脑处理语言、文字、数字、符号等，完成计算、理解、分析判断、归纳、演绎与五感感知等功能，其具有抽象、逻辑、理性的特点；而右脑则处理图像、音乐、韵律、节奏等，完成超高速大量记忆和超高速自动处理、想象力、创造力与超感知觉等功能，其具有形象、直观、感性的特点，如图 2-1 所示。这些关于大脑功能认知的科学知识，大大促进了我们赋予制造智能化的过程，包括环境多维数据的感知、不同层级的信息处理、有效执行动作的输出。

图 2-1　人类的大脑及其功能

第二节 中国智能制造系统架构

　　智能制造系统架构可以看作是智能制造的蓝图。基于生命周期、系统层级和智能特征三个维度,《GB/T 40647-2021 智能制造系统架构》构建了如图 2-2 所示的智能制造系统架构。生命周期包括从设计、生产、物流、销售到服务的各个环节;系统层级包括从设备层、单元层、车间层、企业层到协同层的不同层次;智能特征包括从资源要素、互联互通、融合共享、系统集成到新型业态的不同划分。这个蓝图将智能制造过程中的产品本体全生命周期的过程、生产产品的从简单到复杂的实体单元要素,以及耦合与集成两者的有机功能组成紧密地联系起来,随着三个维度的延伸与扩展,智能制造的蓝图从简单到复杂、从单一到多元、从点到线到面形成了完整的覆盖。

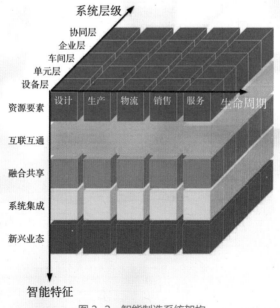

图 2-2　智能制造系统架构

第三节 智能制造的广度、梯度与深度

如果说智能制造系统是一座房屋，那么智能制造关键技术就是房屋的立柱与横梁，智能制造关键技术为智能制造系统的建设提供支撑。智能制造系统是智能制造技术的载体，它包括智能产品、智能制造过程和智能制造模式三部分内容，其总体框架如图 2-3 所示。智能制造模式包括新型制造模式、智能制造生态系统；智能产品则按照面向的对象分为面向使用过程、面向制造过程与面向服务过程的产品；智能制造过程则从产品的生命周期角度涵盖了智能设计、智能装备与工艺、智能生产及智能服务。以先进制造基础技术、

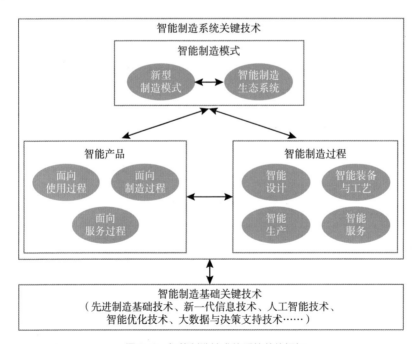

图 2-3　智能制造技术体系的总体框架

新一代信息技术、人工智能技术、智能优化技术、大数据与决策支持技术等为代表的智能制造基础关键技术，为智能制造系统提供支撑。

一、智能产品

智能产品指深度嵌入信息技术（如传感、控制、输入输出接口等），在其全生命周期过程中能够体现自感知、自诊断、自适应、自决策等智能特征的产品。简单理解就是让产品具有像人一样的智能，又在人的可控范围之内。

智能产品具有人一样的智能，表现在如下特点：能够实现状态监测、环境感知、故障诊断、物联通信功能。按照实际情况对智能产品进行分类，能更好地理解它们不同的侧重点。智能产品涉及使用、制造和服务三个环节及其关键技术。

1. 面向使用过程的产品智能化技术

智能数控加工中心（图2-4）、机器人、无人载运工具、无人机、智能手机等是典型的互动能力强、用户体验性好、可辅助人工作的高附加值的创新型智能产品。其智能性主要通过自主决策（如环境感知、路径规划、智能识别等）、自适应工况（如控制算法及策略等）、人机交互（如多功能感知、语音识别、信息融合等），以及信息通信等技术来实现。工业互联网和大数据分析技术是支撑智能产品的信息反馈、产品改进与创新设计过程的关键。比如智能制造装备中的智能数控机床，它在感知、决策、执行过程中融合了专家知识库和工艺经验，并赋予产品制造在线学习和知识进化能力，从而实现高品质零件的自学自律制造。

2. 面向制造过程的产品智能化技术

产品是制造的目标对象，要实现制造过程的智能化，产品（含在制品、原材料、零配件等）本身的智能化是不可缺少的，它的智能特征体现在可

图 2-4　智能数控加工中心

自动识别、可精确定位、可全程追溯、可自主决定路径和工艺、可主动报告自身状态、可感知并影响环境等诸多方面。产品进入车间，可自动识别本体的加工工艺目标和过程要求，准确识别并输入目标加工设备，告诉设备如何加工。这就像人走进了商场，根据自己的需求和目标去往不同的区域享受不同服务、选择不同的商品进行体验。这就是面向制造过程的产品智能化的具体体现，实现的关键技术包括无线射频识别（Radio Frequency Identification，RFID）、CPS 技术、移动定位技术等。

3. 面向服务过程的产品智能化技术

对于大型的工业设备（电力装备、工程装备、航空飞机等），由于空间、时间、人员及问题复杂性等多方面因素的限制，远程智能服务成为产品价值链必不可少的组成核心。为了实现远程智能服务，产品内部嵌入了传感器、智能分析与控制装置和通信装置，从而实现产品运行状态数据的自动采集、分析和远程传递，通用电气公司可以在它的全球诊断中心，收集几十个国家成千台燃气轮机的大量数据，采用大数据分析的方法进行实时在线的故障诊断和预警。对于人而言，人穿戴的各种感知传感器，如心率、血压、血糖、体温等传感单元及其相关的软件分析、信号传输模块，都是为了满足健康状态监测与服务的需求。

二、智能制造过程

作为制造过程创新的重要手段，智能制造过程包括设计、装备与工艺、生产和服务过程的智能化。

1. 智能设计

产品设计是形成产品的创造性过程，是带有创新特性的个体性活动或群体性活动，智能技术在设计链的各个环节上使设计创新得到质的提升。通过智能数据分析手段获取设计需求，进而通过智能创成方法进行概念生成，通过智能仿真和优化策略实现产品的性能提升，辅之以智能并行协同策略来实现设计制造信息的有效反馈，从而大幅缩短产品研发周期，提高产品设计品质。

1）面向多源海量数据的设计需求获取技术

有关客户需求的数据是设计的依据，大量数据的涌现为智能设计带来了挑战和机遇。信息技术的飞速发展已使产品设计需求超越了客户调查的传统范畴，呈现为广泛存在于产品生命周期中的多样化数据信息。它可来自互联网的客户评价、服务商的协商调研、设计伙伴的信息交互，甚至服役产品关键性能数据的实时在线反馈。

多种智能方法被用于发现数据中所隐含的设计需求，包括智能聚类方法、神经网络技术、机器学习策略、软计算方法、数据挖掘技术等。而对于当前广泛存在于广域有线和工业无线网络中的各种异构海量数据，大数据分析方法和云计算技术正成为处理这些数据进而获取个性化定制需求的有力工具，对巨量数据的有效分析使得用传统方法不易获得的设计需求被智能化地呈现出来，使设计概念的创新提升到一个新的层次。

2）设计概念的智能创成技术

如何从设计需求实现为概念产品是智能设计的实际体现和具化过程，各种人工智能和系统工程方法的运用使这一阶段更智能化和科学化。发明问题的解决理论提出了一系列的理论、方法和工具使设计创新过程系统化和规则化，有效拓展了创新思维能力。而各种基于知识的理论则着眼于经验知识的形式化表达和智能获取，包括基于规则的方法、基于案例的方法、基于模型的方法、知识流分析方法、基于语义网络的方法等，它们将知识工程的最新成果与设计概念形成原理相结合形成有效的知识载体实现设计概念的智能创成。

随着互联网的发展与普及，知识资源和设计服务的共享将成为设计知识再利用的有效途径，相应分布式资源管理理论和平台技术的不断完善将使设计效率得到显著提升。而在创新理念层出不穷的今天，支持多个创客群体实时交互、基于群体智能机制的实时协同创新平台也正在成为设计概念产生的一种有效支持手段，促进新概念产品的创造性生成。

3）基于模拟仿真的智能设计技术

产品功能是产品性能的具体载体，由设计概念发展为具体产品需要实现产品性能的具体量化，通过采用高性能的计算模拟仿真代替代价高昂的实物物理性能实验，可以使企业节约成本和缩短研制周期。

基于计算机数字模型的模拟仿真已成为产品设计必不可少的手段，仿真的层次也从宏观逐步递进到用来真实反映介观、微观等多个层次的物理现象。而对于物理性能要求很高的产品，鉴于尺度之间的强关联特性，模拟仿真已突破了单尺度的限制，进入宏微观结合的跨尺度分析的范畴，如集成计算材料工程（Integrated Computational Materials Engineering，ICME）利用计算机工具所得的材料信息与工业产品性能分析和制造工艺模拟集成，通过界面分析及材料－产品－工艺一体化设计来实现产品的性能提升。

随着产品性能要求的不断提升，基于高精度模拟仿真数据、融高效实验设计和智能寻优为一体的优化技术已成为不可或缺的产品设计性能提升的手段。面对空间飞行器、航天运载工具、高性能舰船等具有极高维度、极复杂设计空间的设计系统，多学科优化技术已成为优化复杂设计系统综合性能的有效方法，它通过探索和利用系统中的协同机制，利用学科子系统间的目标耦合策略和协调计算方法来构建系统的智能迭代优化策略，从而在较短的时间内获取系统整体最优性能。

用于提高优化性能的一系列关键技术伴随着优化体系的形成而逐渐展开，如用于提升模拟仿真效率的智能实验设计技术，用于减少高成本仿真次数的智能近似技术，用于在多峰、多约束、复杂地貌的设计空间中快速找到最优区域的智能寻优技术，用于对模拟仿真中认知或模型不确定性进行定量化度量的智能不确定分析技术等，这些均为设计优化过程的自动化、智能化和精准化提供了有力的驱动力。

4）面向"性能优先"的智能设计技术

传统的产品设计体现的是"实现性优先"，即在设计产品时要对产品如何通过工艺手段实现加以综合考量，在确保产品能够实现的前提下对产品性能进行优化，其产品的性能将不可避免地受到后续工艺过程的限制或影响。而随着以 3D 打印技术为代表的新型工艺方法的飞速发展，"如何实现"的局限性已成为一个可以逾越的屏障，设计者可以把更多的精力放在如何使产品结构更好地满足性能要求上，从而形成了"性能优先"的设计。工程师可以根据性能要求量身定制特定的结构形式，而如何智能生成这些结构形式则是一个新的问题。拓扑优化技术为产品的"性能优先"设计提供了有力的智能解决手段，拓扑优化指一种根据给定的负载情况、约束条件和性能指标，在给定的区域内对材料分布进行优化的数学方法，其内在的机理在于如何智能地生成符合性能要求的结构布局，其灵活的布局方式使得设计者可跨越工艺限制，去追求极致的设计性能，达到传统设计所无法企及的性能水平。

2. 智能装备与工艺

制造装备是工业的基础。智能装备的核心思想是装备能对自身和加工过程进行自感知，对与装备、加工状态、工件材料和环境有关的信息进行自分析，根据零件的设计要求与实时动态信息进行自决策，依据决策指令进行自执行，通过"感知 - 分析决策 + 执行与反馈"大闭环过程，不断提升装备性能及其适应能力，使得加工从控形向控性发展，实现高效、高品质及安全可靠的加工。

下面以高品质复杂零件（比如航空发动机叶片）的智能加工过程为例，对智能装备与工艺进行简要阐述。其关键技术包括工况自检测、工艺知识自学习、制造过程自主决策和装备自律执行等。

○ **工况自检测▶** 在零件加工过程中，制造界面上的热力位移多场耦合效应与材料、结构、工艺过程具有强相关性，通过对加工过程中的切削力、夹持力，切削区的局部高温，刀具热变形、磨损、主轴振动等一系列物理量，以及刀具与工件夹具之间热力行为产生的应力应变进行高精度在线检测，为工艺知识自学习与制造过程自主决策提供支撑。

○ **工艺知识自学习▶** 在检测加工过程中，工况发生变化，分析工况、界面耦合行为与工件品质之间的映射关系，建立描述工况、耦合行为和工件品质映射关系的联想记忆知识模板，通过工艺知识的自主学习理论，实现基于模板的知识积累和工艺模型的自适应进化。同时将获得的工艺知识存储于工艺知识库中，供工艺优化使用，为制造过程自主决策提供支撑。

○ 制造过程自主决策和装备自律执行▶ 智能装备的控制系统具有面向实际工况的智能决策与加工过程自适应调控能力。通过将工艺知识融入装备控制系统决策单元，根据在线检测识别加工状态，由工艺知识对参数进行在线优化并驱动生成过程控制决策指令，对主轴转速及进给速度等工艺参数进行实时调控，使装备工作在最佳状态。

3. 智能生产

智能生产指针对制造工厂或车间，引入智能技术与管理手段，实现生产资源最优化配置、生产任务和物流实时优化调度、生产过程精细化管理和智慧科学管理决策。生产过程的主要智能手段及其价值回报如图 2-5 所示。

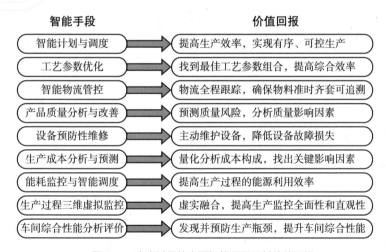

图 2-5 生产过程的主要智能手段及其价值回报

制造工厂或车间的智能特征体现为三方面

○ **制造系统的适应性技术** ▶ 适应性（Adaptability）是制造工厂智能特征的重要体现，制造车间具有自适应性、柔性、可重构能力和自组织能力，从而高效地支持多品种、多批量、混流生产。其核心技术包括柔性制造系统（Flexible Manufacturing System，FMS）、可重构制造系统（Reconfigurable Manufacturing System，RMS）、自适应制造系统（Adaptive Manufacturing System，AMS）。图2-6为从柔性制造系统到适应性制造系统的相互蕴含关系。

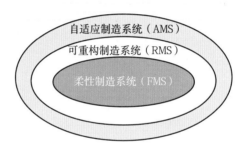

图 2-6　从柔性制造系统到自适应制造系统

○ **基于实时反馈信息的智能动态调度技术** ▶ 产品、设备、软件之间实现相互通信，具有基于实时反馈信息的智能动态调度能力。其核心技术包括智能数据采集技术、智能数据挖掘技术、智能生产动态调度技术、人机一体化技术。

○ **预测性制造技术** ▶ 建立预测性制造机制，可实现对未来的设备状态、产品质量变化、生产系统性能等的预测，从而提前主动采取应对策略。预测性制造需要根据各种状态数据进行预测分析，其主要模型包括多变量统计过程控制（Multivariate Statistical Process Control，MSPC）、设备预防性维护（Preventive Maintenance，PM）、生产系统性能预测。

4.智能服务

通过万物互联、泛在感知及信息的融合等技术用于生产管理服务和产品售后服务环节，将提升供应链运作效率和能源利用效率，并拓展价值链，为科学的管理决策，创造企业新价值。具体体现为：

1）智能物流与供应链管理技术

成本控制、可视性、风险管理、客户亲密度和全球化是现今供应链管理面临的五大问题，通过如下智能化技术，可以为高效供应连体系的建设与运作提供支持，主要包括：①物流系统的自动化、信息化、可视化、柔性化及网络化，比如立体仓库 AGV、可实时定位的运输车辆等，并采用电子单证、射频识别技术等物联网技术，实现物品流动的定位、跟踪、控制；②全球供应链集成与协同技术，通过工业互联网实现供应链全面互联互通，从而使全球供应链网络实现协同规划和决策；③供应链管理智能决策技术。

2）智能能源管理技术

减少单位产品的能源或资源消耗、实现可持续生产是智能制造的重要目标。智能能源管理就是通过对所有环节的跟踪管理和不断改进，通过创建有效的能源管理体系，优化各环节的能耗水平，实现全过程能源监控、预测、节能降耗和能源优化。主要关键技术包括能源综合监测技术，生产与能耗预测技术，能源供给、调配、转换等节能优化技术。

3）产品智能服务技术

产品智能服务指针对某些制造行业的特点，通过持续性完善优化服务过程，建立高效、安全、智能、便捷及人性化的智能服务系统，以产品为载体，以服务为核心，实时、高效、智能互动，为企业创造新价值。主要关键技术包括云服务平台技术、基于云服务平台的增值服务技术。

三、智能制造模式

智能制造技术催生了如客户个性化定制模式等许多新型制造模式。以工业互联网、大数据分析及快速成型 3D 打印技术的兴起为支撑，以产业信息共享、全球资源整合、跨地域协作为特点，在不同行业领域出现了电子商务、众包设计、协同制造、城市生产模式等新制造模式，极大地扩大了企业的价值空间。

四、智能制造基础关键技术

感知、分析、决策、通信、控制与执行构成了智能制造的基本要素，在多个制造业务活动中，支撑这些基本要素的关键共性技术包括：

1. 先进制造基础技术

先进制造技术：如 3D 打印增材制造技术（图 2-7），其突出了设计过程的创造性、物理性能，使设计与制造过程更加灵活和高效。

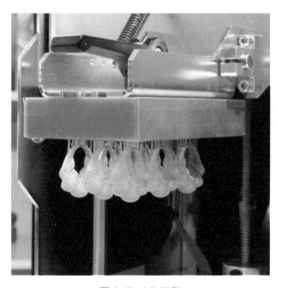

图 2-7　3D 打印

数字建模与仿真技术：在产品设计、工艺制造及质量服务的产品全生命周期中，以三维数字模型与仿真模拟的方法实现设计的创新与功能的完善。

现代工业工程技术：综合运用数学、物理和社会科学的专门知识和技术，结合工程分析和设计的原理与方法，对人、物料、设备、能源和信息等所组成的集成制造系统，进行设计、改善、实施、确认、预测和评价。

先进制造方法与系统：如虚拟制造、计算机集成制造、精益生产、敏捷制造、并行工程、协同设计、云制造、可持续制造、产品全生命周期管理（PLM）、制造执行系统（MES）、企业资源规划（ERP）等。

2. 新一代信息技术

信息通过获取、处理、传输与融合等过程，为人－机－物的联通提供支撑，而新一代信息技术包括：①智能感知技术；②物联网技术；③云计算技术；④工业互联网技术；⑤ VR 和 AR 等技术。VR 与 AR 是三维模拟空间与现实世界相互融合的不同程度和层次。新一代信息技术正在成为制造业创新的重要源动力，如图 2-8 所示。

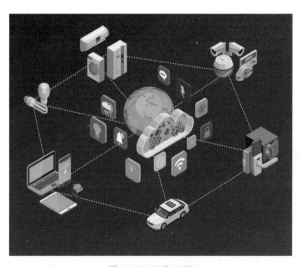

图 2-8　万物互联

3. 人工智能技术

人工智能是使机器或软系统具有如同人类在处理复杂问题和面对复杂环境时灵活、自适应、自制可控、不断进化和自我决策的智能。人工智能的实现离不开感知、学习、推理、决策等基本环节，其中知识的获取、表达和利用是关键。工业 4.0 强调以信息物理融合系统为核心，信息物理融合系统可被视为依附于物理对象（小到设备、产品，大到车间、企业）并具备感知、计算、控制和通信能力的一套系统，它可以感知环境变化并自主运行，物理实体与虚拟映像共存同变。同时，远程对象能通过它来监控并操控物理对象。在未来分散制造的大趋势下，信息物理融合系统是分布式制造智能的一种体现。

4. 智能优化技术

在制造系统中许多优化决策问题的性质极其复杂、难以解决。研究人员通过分析和模拟自然界中的生物（如蚂蚁、蜜蜂、萤火虫等进化算法，如图 2-9 所示）、物理过程（模拟退火算法）和人类行为（协作与博弈过程），提出了许多具有约束处理机制、自组织自学习机制、动态机制、并行机制、免疫机制、协同机制等特点的智能优化算法，为解决智能制造系统里的优化问题提供了新

图 2-9　蜂群算法：蜜蜂的摇摆舞蹈以形态、频率和方向传递信息

的思路和手段。

5. 大数据分析与决策支持技术

正如人需要定期体检以保证健康一样，机器设备和产品也需要进行健康度的监测。工业大数据是由设计规划、工艺制造、生产流通和运营管理等数据集合而成的。采用大数据分析的方法，可以提前判断和预测工业过程的异常及未来变化趋势，从而挖掘问题根源，准确分析和提前决策。正所谓"上医医未病之病，中医医欲病之病，下医医已病之病"（孙思邈,《千金要方》），一切医治的基础是大量的医学实践经验及科学的判断，大数据分析与决策支持技术可实现上医医治的过程和效果，它为提高质量、优化工艺、预防性维护及改进产品设计等提供了科学的依据。

第四节 智能制造发展利器

　　智能制造是随着技术革新和产业需求发展的一种基于新一代信息技术，集成数字化、智能化、网络化技术用于产品全生命周期的制造活动的总称，包含了智能产品及工艺设计、仿真优化、智能制造装备、自动化生产线、虚拟车间、智能管控系统和数字化工厂等多个关键环节，如图 2-10 所示。

图 2-10　智能制造关键环节及流程

　　智能制造技术的快速发展，因其具有包括物联网、大数据、云计算、人工智能、智能装备及数字化技术各种利器。

一、物联网

　　物联网指在互联网技术基础上，通过传感网络设备，实现人 - 人互联、物 - 物互联和人 - 物互联，实现物体的身份识别、状态跟踪定位、品质监控和管理。在广义上，物联网指通过信息物理空间数据融合，经由信息网络，在人 - 机 - 物 - 环境之间实现信息全方位多层次高效交互，基于新的服务模式融入社会，促进人类社会向信息化进一步发展。

物联网具有数据自感知、信息可靠传送和智能决策控制等基本特性。数据自感知是利用光－磁－电－机耦合传感器对物体的身份、状态、品质等信息进行感知、捕获、测量和实时采集获取。信息可靠传送则是依托各种通信网络，对物体信息能实时可靠地交互和共享。智能决策控制是利用人工智能算法对海量感知数据信息进行分析处理，基于专家系统知识库实现智能化决策与控制。

物联网关键技术主要包括感知层、网络层、应用层和各层共性技术。

感知层关键技术主要实现事物信息的感知和识别，其关键技术包括事物身份信息获取、识别与传输，常用的技术有 EPC 编码、射频识别技术编码、无线传感器网络的组网、定位、跟踪、路由和媒质接入控制技术等。

网络层关键技术主要解决将感知层获取的信息通过通信网络传递到互联网，主要包括构建异构网络体系结构，实现多传感信息融合，基于下一代通信网络实现海量物联网信息的快速接入和高速传输。

应用层关键技术可在物联网网络传输层屏蔽上层应用差异性，研究网络中间件技术和网络应用支撑平台，基于云计算、海量数据库技术、海量信息处理技术，研究基于物联网的远程控制和决策自动化技术，向不同应用提供服务。

各层共性关键技术是解决各层的共性技术，如安全技术、服务质量（QoS）技术、客体标识解析技术等，实现跨层优化以使物联网络系统达到最佳指标。

二、大数据

大数据指超出常规数据库工具的数据采集、数据存储、数据管理、数据计算、数据分析和数据展现能力的一种数据信息技术集合。大数据具有Volume、Velocity、Variety、Veracity 和 Value 的"5V"特征，即数据体量大、处理速度快、数据类别多、数据真实和商业价值高的特点。

数据采集　主要是从数据源中提取、转换和加载数据，实现数据的导入。可过滤不需要的数据信息，降低后续存储和处理的压力；获取关联数据信息，如数据来源、环境背景信息等。

数据管理　主要实现数据容量和数据格式的可扩展性。容量上要求底层文件系统和架构以低成本方式按需按时扩展存储空间。数据格式扩展主要满足各种非结构化数据管理需求。

数据计算　为了应对大数据处理过程中所需要的大量计算资源消耗，大数据计算处理方法一般采用实时性高的大规模并行处理技术进行运算，以实现对超大规模机器学习及流量的计算，规避传统并行计算系统对系统硬件依赖性强的缺点。

数据分析　在大数据处理过程中存在大量的半结构化和非结构化数据，其中表现为语音数据、图片数据和视频数据，这些数据中约 60% 尚未得到开发利用，仅有约 1% 的数值型数据具有利用价值。在这一背景下，科学家提出的基于神经网络的深度学习技术是数据分析的有力工具。

数据展现　数据展现主要是将数据来源、分析过程、查询机制等信息，以更直观和可互动的方式进行展示，如图形、图像、回归曲线等方式。

三、云计算

云计算是一种利用互联网技术访问公共共享的计算设施、存储器和应用程序等资源池，通过为用户屏蔽数据中心管理、数据处理和应用程序部署等问题，根据用户需求申请或释放计算资源的计算模式，以达到计算机资源服务化的目的。

云计算具有弹性服务、资源池化、按需服务、服务可计费、泛在接入的特点，融合了分布式计算、互联网技术和大规模资源管理等技术，具备资源虚拟化、海量数据处理和计算机安全防护等能力。

云计算系统主要包括核心服务层、服务管理层、用户访问接口层等，云计算关键技术包括数据存储技术、数据管理技术和编程模型等。

云制造：云制造是一种基于云计算技术的网络化智能制造新模式，集成数字化与信息化制造技术、物联网技术，对网络化制造与服务技术进行延伸与变革，实现各类制造资源虚拟化和服务化，通过统一集中智能管理，实现制造资源和服务的共享和协作，达到多方共赢的目的。

四、人工智能

人工智能通过研究人类的思考和活动规律，总结人类活动的共性，将这种共性应用在计算机上，使得计算机能够拥有和人类相同的思考模式。人工智能可代替人类从事某些需要智力的工作。

人工智能研究范畴包括语言学习与处理、知识表现、智能搜索、推理、规划、机器学习等。使用计算机实现人工智能有两种不同的实现方法。一种是使用传统编程技术的方法实现某些功能，呈现的人工智能并不一定与人或动物的思考模式相同，如文字识别和电脑下棋等。另一种是模拟法，它要求计算机在实现特定功能的同时，计算机的思考模式还要与人类相同或相似，如遗传算法和人工神经网络。

人工智能处理的是某些人类的知识或技能，如语言、视觉等。人工智能技术研究的是如何编写软件系统来处理这些知识或技能。常见的软件系统有计算机视觉和自然语言理解等。近年发展起来的机器学习是人工智能发展的基石，是赋予计算机"智力"的根本途径。机器学习涉及很多的专业知识，如概率论、统计学等数学知识，通过相关数学算法模拟人类思维活动和学习算法，使计算机不断获取知识和新的本领，不断重构自身知识体系，完善性能并提高自身能力。

人工智能主要应用于庞大的信息处理、生命体无法执行或难以应对的复杂的任务，例如同声传译，文字、声音和图像识别，智能控制，以及机器人学、航空航天等领域的任务。

五、智能装备

高性能制造装备是现代化工业发展的基础，自动化、数字化、智能化是体现工业制造水平的重要指标。智能装备指通过对装备自身健康、加工工艺状态和加工环境信息的监测，对产品工艺需求动态变化过程能自主分析、决策，并实现加工过程快速响应控制，使智能制造装备对加工产品从控形向控性层面发展，实现加工工艺高效性、高品质及高可靠性。

智能制造装备集成了传感、模块化嵌入式控制与优化、智能识别、在线健康监测维护、高可靠实时通信、安全防护、特种工艺及精密制造等基础共性技术，其中核心智能测控装置与部件包括智能传感与控制系统、精密仪器与智能仪表、工业用与专用机器人、精密传动与伺服控制装置等。

智能制造装备还考虑人－机－物－环境全方位协同，虚拟与物理制造双向交互，实现生产过程的自动化、智能化、绿色化。

智能制造装备在我国电力、能源环保、农业、资源开采和国防领域有着广泛的应用，涉及的重大智能制造成套装备有智能电网装备、石油石化智能设备、智能化食品生产线、冶金智能成套设备、智能化成形和加工成套设备等。

六、数字化技术

数字化定义：数字化是将工作场景中的复杂信息转变为可以度量的数据，基于可度量的数据建立数字化模型，将数字化模型转化为二进制代码供计算机统一处理，这一处理过程被称为数字化基本过程。

数字化制造定义：数字化制造技术指将产品的设计、制造、管理、检测和运维过程进行数字化转化，通过智能优化技术提高产品制造工艺的效率、质量、成本，以更加柔性、灵活的方式满足市场需求。概括来讲，数字化制造技术是将数字化的思想用于加工制造业，将加工过程中的一些信息使用数字表示，然后交由计算机处理这些数字，得到人们想要的一些结果。

数字化制造技术经历了以计算机辅助技术为代表的局部系统应用阶段、以计算机集成制造系统为代表的企业级集成应用阶段、以网络化制造技术为代表的企业间集成应用阶段。从其发展历程来看，制造业已进入自动化阶段，正在迈向数字化和智能化高度发展阶段，朝着第四代数字化制造技术阶段发展。与制造相关的数据量和数据来源激增，各种异构数据的融合和管理问题是数字化制造技术的关键所在，在大数据、5G 通信、物联网、云计算等新一代信息技术快速普及与应用的背景下，国内外学者提出数字孪生（Digital Twin）的概念。

数字孪生指将实体对象的物理属性、行为特征、形成原因和性能进行数字化表征和建模，实现实体对象在虚拟世界中的镜像表示，这种数字化描述过程和建模方法被称为数字孪生技术。

"孪生体"概念最早由美国国家航空航天局提出，其在阿波罗计划中提出用实际空间飞行器的镜像来实现空间飞行器数字化制造、飞行状态的监控和模拟训练。产品数字孪生体是实体产品的虚拟仿真模型，可以完全实时重构和数字化映射实体产品的工作动态，实际应用于产品的性能模拟、状态监测、预判与诊断，以控制实体产品在物理环境中的成型过程、成型状态和动态行为，不断提高产品数字孪生体自身性能。

第五节 中国智能制造优势与瓶颈

一、中国制造优势

从多项国际工作组织研究报告显示，近四十年，我国工业竞争力持续攀升，截至2016年排名为全球第5位，近年来与德国、美国、日本和韩国呈分庭抗礼之势。2016年我国第二产业增加值占GDP总值的39.8%，达29.6万亿元。我国连续十年占据世界制造大国首位，在纺织、电力、交通等多个细分行业名列榜首。我国工业体系完整，2018年，我国有220多种产品产量世界领先，是最大的工业制成品出口国。总体而言，我国制造业基础设施好、工业配套能力强，形成了许多产业集群及制造产业链。

二、中国制造瓶颈

虽然我国制造业体系完整、制造产业体量大，但在产业结构、产品创新和产品品质等方面相比欧美、日本等制造强国仍有不小差距，主要体现在核心装备和关键产品存在核心技术竞争力弱、产品质量及附加值不高，制造业存在产能效率低、资源依赖性强、环境保护措施不充分等诸多瓶颈，具体包括以下几点。

1. 自主创新及基础研发能力薄弱

核心装备技术的自主知识产权较少，过分依赖进口技术，对高端制造业所需的高精密高性能装备、关键材料和基础零部件自主研发不足，对基础研究投入不够。存在基础研究水平低，试验技术落后，核心装备研发、制造能力不强，企业技术创新处跟风明显，关键产品过多依赖于逆向工程设计研发，缺乏对关键共性技术的原始创新素养等问题。

2. 部分领域产品质量可靠性有待提升

中国制造业产品虽然体量较大，但产品质量稳定性和性能一致性仍是中国制造品牌的短板，缺乏有国际竞争力的自主品牌。

3. 产业结构不完善

我国制造产业同质竞争的问题较为严重，造成我国产业结构中的低端产品出现产能过剩，而高端产品在产能上明显不足，资源密集型产业结构比例偏重，而技术密集型产业和服务密集型产业不足，构成我国国民经济发展需求的矛盾。

4. 信息化水平不高

我国制造业的信息化水平不高，多数行业处于初级或局部信息化阶段，信息化在不同地区、不同行业间存在较大差异，不同规模企业对信息化认知水平参差不齐，传统生产方式和工艺流程亟待升级改造，部分高端核心工业软件仍受制于人，自主研发能力不足。发达国家和地区已步入工业 4.0 阶段，而我国仅有一小部分企业在做智能制造的示范工程，大部分企业仍处于工业 2.0 或工业 3.0 阶段。

三、中国制造面临更加复杂严峻的新形势

当前国际形势风云诡谲，制造业面临的国际发展形势严峻，在国内存在人口红利消失、资源短缺、生态环境破坏严重的重重压力，在国际上存在全球产业格局调整转移、国际高端产业回流和国内中低端分流的双向挤压，国际贸易摩擦频繁等诸多挑战，迫使我国亟须加快从制造大国向制造强国转型升级的步伐。

随着生活水平的提高，以前计划生育政策的多年执行，如今，我国人口老龄化比例日益升高，劳动力人口逐年递减，人口红利现象逐渐减少，在

2012年我国人口抚养比停止下降，标志我国开始进入"人口负债"阶段，这将直接导致我国制造业市场劳动力供给不足。

改革开放初期，我国制造业过度依赖资源能源开发，忽视生态环境保护，造成我国制造资源能源短缺、生态环境破坏严重、要素成本动态变化，迫使我国制造业必须由原来单纯依靠资源能源的粗放式制造方式向精益制造、绿色制造转型升级。从资源角度看，我国淡水、耕地、森林资源人均占有量仅为世界平均水平的24%、33%和20%左右，资源相对匮乏。在生态环境方面，我国环境承载能力脆弱，长期积累的固体废物、危险废物等持续增加，国内城市环境空气质量普遍较差，地表水质不断恶化。从能源角度来看，石油、矿石等重要矿产资源的人均可采储量少，原油对外依存度高。

当前国际形势严峻，以美国为首做出的单边贸易保护主义举动，导致高端制造业回流，而中低端制造业则转移至印度、越南和印度尼西亚等中低端收入国家，对我国制造业造成双向冲击，如苹果电脑在美国本土设厂生产；微软将诺基亚业务从中国东莞转移到越南河内等。

参考文献

［1］陈明，梁乃明，等. 智能制造之路：数字化工厂［M］. 北京：机械工业出版社，2016.

［2］王国栋. HF 公司面向智能制造的信息化规划研究［D］. 南宁：广西大学，2017.

［3］信息化和工业化深度融合知识干部培训丛书编写委员会. 生产性服务业创新发展知识干部读本［M］. 北京：电子工业出版社，2012.

［4］中国电子技术标准化研究院. 智能制造系统架构研究［EB/OL］.（2017-04-17）［2021-10-13］. http://www.cesi.cn/201701/2130.html#.

［5］国家制造强国建设战略咨询委员会，中国工程院战略咨询中心. 智能制造［M］. 北京：电子工业出版社，2016.

［6］孙其博，刘杰，黎羴，等. 物联网：概念、架构与关键技术研究综述［J］. 北京邮电大学学报，2010，33（3）：1-9.

［7］司建楠. 智能制造专项启动 六类申报有规可依［EB/OL］.（2015-04-08）［2021-10-13］. http://www.cnelc.com/Article/6/150408/AD100214279_1.html.

［8］李良军，金鑫，朱正伟，等. 融合创新范式下"中国制造2025"人才模型和课程规划［J］. 高等工程教育研究，2018（4）：18-24.

［9］孙冠男. 智能制造在汽车工业中的应用［J］. 汽车工程师，2017（8）：49-51.

［10］郭柏柏，王晓莉. 人工智能浅析［J］. 中国新通信，2019（6）：153.

［11］张庆军，张明智，张庆娟. 联合作战太空作战力量体系贡献度仿真分析框架研究［J］. 军事运筹与系统工程，2018，32（3）：23-30.

［12］袁家宝，汤洪乾．人工智能在电气自动化控制中的应用［J］．中国新通信，
2013（3）：45.

［13］庄存波，刘检华，熊辉，等．产品数字孪生体的内涵、体系结构及其发展趋
势［J］．计算机集成制造系统，2017，23（4）：753-768.

［14］秦伟.《2015-2016年中国工业和信息化发展系列蓝皮书》正式出版［J］．装
备制造，2016（9）：24-25.

［15］陈建萍．唯有制造强国才能变身世界强国［N］．人民政协报，2015-11-17
（005）．

［16］李友梅，聂永有，殷凤，等．"互联网+"时代中心城市的辐射力研究：以上
海为例［M］．北京：社会科学文献出版社，2015.

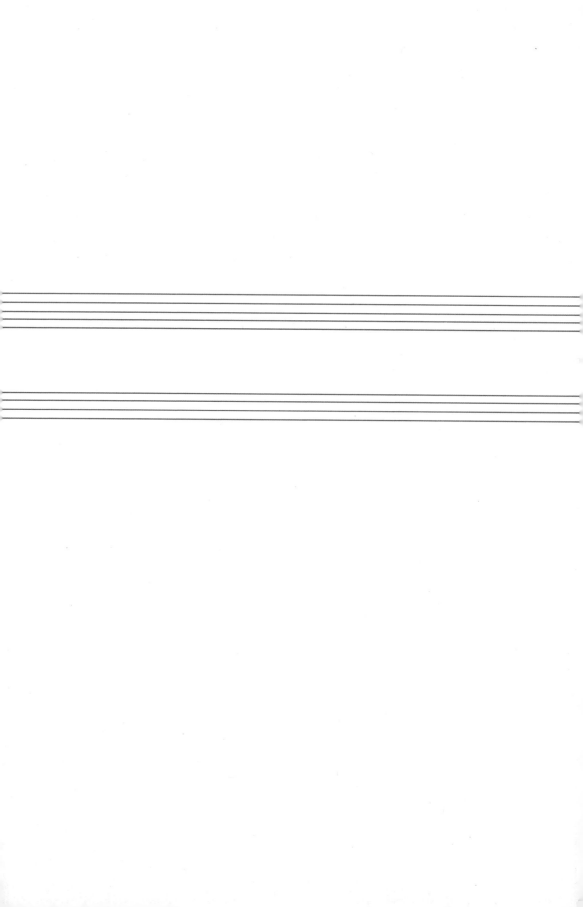

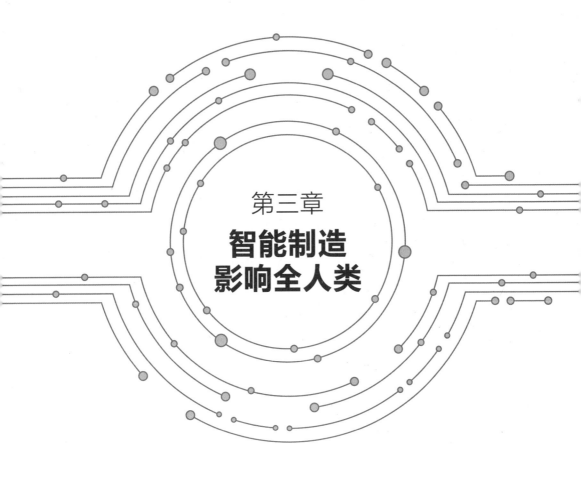

第三章

智能制造
影响全人类

智能制造

 第一节 智能制造将影响全人类

智能制造指对产品全生命周期中的设计、加工、装配等环节的制造活动进行知识表达与学习、信息感知与分析、智能决策与执行，实现制造过程、制造系统与制造装备的知识推理、动态传播与自主决策。

智能制造将影响全人类。在智能制造的时代，未来的工厂将是什么样子呢？它将融合预测性机器分析、工业增强现实技术、供应链管理、物联网传感、模块化装备、协作机器人、计算机视觉、无人卡车、可穿戴设备等技术为一体，同时结合用于企业资源计划与供应链管理的区块链技术。

在未来的工厂，灵活的制造技术促进了从想法到成品的有效转换过程。未来的工厂高度灵活，以适应各种建筑布局、生产系统、改建和扩建工程。物流围绕移动运输单元组织，类似电路板上的比特和比特的组织。机器人在其应用范围内变得越来越经济和灵活。机器人的机动性也会提高，机器人能够协助高级技术人员执行困难或危险的任务。

未来的工厂将体现一种自给自足的机制。它将致力于资源和能源的最高程度的可持续管理。污染严重、效率低下、噪声大的工厂时代已经过去了。这一可持续目标的核心将是对风能、太阳能、地热能和生物质能进行有效利用。未来的工厂就像一座发电站，它将多余的能量储存在当地电网中，并在能量达到最高峰值时起到缓冲作用。人们将在更加舒适的环境中工作。

第二节 智能制造的主要应用场景

从生产、运营、决策几个层面来看，智能制造的主要应用场景包括开发智能产品、推进智能服务，以达到商业模式的创新；应用智能装备、建立智能产线、构建智能车间、打造智能工厂，以达到生产模式的创新；践行智能研发、形成智能物流和供应链体系、开展智能管理，以达到运营模式的创新；最终实现智能决策，以达到决策模式的创新。作为智能制造的基础，其使能技术包括物联网、云计算、移动应用、VR/AR、增材制造、大数据、自动识别、信息安全、自动控制、工业安全。e-works数字化企业网CEO黄培博士提出了智能制造整体应用场景及其创新模式，如图3-1所示。

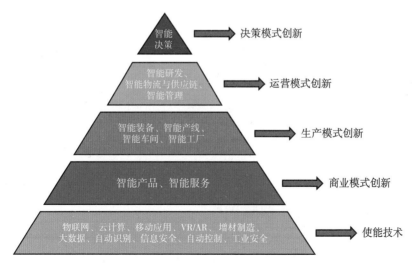

图3-1 智能制造的十大应用场景及其创新模式

第三节 智能装备、智能车间、智能工厂

一、智能制造之智能装备

智能装备，即具有感知、分析、推理、决策、控制功能的制造装备，它是先进制造技术、信息技术和智能技术的集成。发展智能装备产业的重要意义体现在什么方面呢？作为高端装备制造业的重点发展方向和信息化与工业化深度融合的重要体现，发展智能装备产业对于加快制造业转型升级，提升生产效率、技术水平和产品质量，降低能源资源消耗，实现制造过程的智能化和绿色化发展具有重要意义。从《装备制造业调整和振兴规划》到《"十二五"工业转型升级规划》《智能制造装备产业"十二五"发展规划》《智能制造发展规划（2016—2020 年）》，国家各项政策已明确将智能装备等高端制造装备行业列为中国工业未来发展的关键课题，如图 3-2 所示的完整的智能装备价值链。

图 3-2 完整的智能装备价值链

二、智能制造之智能车间与 MR

在智能制造系统中，MR 在智能车间（图 3-3）的维护和运营、生产、设计和开发、报告和分析、质量控制和配送等环节发挥着越来越重要的作用。

增强的可视化数字交互技术是智能车间的一个重要方面。

○ **在维护和运营中** ▶ 智能眼镜能够向维修人员提供测量辅助、操作指导和远程支持。设备上的传感器能生成诊断数据，机器学习能够帮助人们预测故障，提高生产力。

○ **在生产中** ▶ 智能机器人可以实现生产自动化。装有摄像头和动作传感器的智能眼镜可以在工人培训中发挥作用，例如向工人提供装配指导。智能的安全背心和安全帽能够检测周围的环境。

○ **在设计和开发中** ▶ 虚拟原型机可以实现快速迭代、装配模拟、高级检测和远程协作功能。全身运动捕捉设备能够帮助人们改良办公场所和装配线上的设施环境。在报告和分析时，所有的设备都会连接到一个数据管理系统，系统会记录每一步的流程。高级分析能够预测客户需求模式，从而优化生产。

○ **在质量控制中** ▶ 设备能够通过传感器、计算机视觉和摄像头评估产品是否达到质量标准。3D 模型能在生产过程中向质检人员提供产品规格信息。

○ **在配送中** ▶ 信标和智能眼镜可帮助操作人员在仓库中寻找货物。自动化运输车能够管理库存。产品传感器能提供整条供应链上的信息。

图 3-3　智能车间

三、智能制造之数字化工厂

在智能制造系统，数字化工厂的关键技术特点呈现在它的各个环节中：①工厂的数字孪生；②生产类资产或设备的数字孪生；③产品的数字孪生；④互联工厂；⑤模块化生产类资产或设备；⑥柔性生产方式；⑦流程可视化／自动化；⑧综合规划；⑨无人值守的厂内物流；⑩预防性维护；⑪大数据驱动的流程／质量优化；⑫基于数据的资源优化；⑬生产参数转移；⑭无人值守的数字化工厂；⑮零部件／产品过程跟踪。其各个环节的具体含义如表 3-1 所示。

表 3-1　数字化工厂各技术环节及其含义

环节名称	具体内容
① 工厂的数字孪生	工厂的数字孪生能够协助规划、设计和建设厂房及基础设施，能用于厂房的测试、模拟和试运行
② 生产类资产或设备的数字孪生	生产类资产或设备的数字孪生能用于设计、模拟启动和持续运转，主要是模拟生产类资产或设备的运转，设定和优化关键参数，实现预防性维护和 AR 等
③ 产品的数字孪生	产品的数字孪生是对产品的数字化呈现，将产品工程设计和生命周期管理与工厂运营结合起来。作为研发的一部分，它实现了早期对产品的模拟和测试，有助于推动产品开发
④ 互联工厂	互联工厂指以控制和优化为目的，将资源、设备、运输工具或产品等相关对象连接起来，通常是利用与 ERP 系统结合的 MES（参见"综合规划"）
⑤ 模块化生产类资产或设备	采用灵活的、模块化的生产类资产或设备，而不是传统的生产线。机器人、储存设备、固定装置资产或设备等模块化生产类资产或设备能灵活地按照当前生产流程的要求整合进生产环节

续表

环节名称	具体内容
⑥ 柔性生产方式	使用增材制造（如 3D 打印）等柔性生产流程，此类生产流程能够支持多种产品变体，显著增加灵活性
⑦ 流程可视化/自动化	例如以 App 结合平板电脑或数字化眼镜等 VR 及 AR 解决方案，改善人机协作和增加创新型的用户接口
⑧ 综合规划	工厂内部的综合规划及排产系统指从 MES 到 ERP 系统，涵盖了供应商和客户等外部伙伴，综合规划能对资源可用性或需求的变化立即做出反应
⑨ 无人值守的厂内物流	工厂系统能够在无人干预的情况下开展物流活动，这些系统实时感知和处理来自周围数字环境或现实环境的信息，安全地在室内外运行，同时完成指定的任务。相关解决方案包括自引导运输车及用于执行特殊任务的空中无人机
⑩ 预防性维护	在传感器和大数据分析的帮助下远程监控设备的动态情况，从而预测和维修设备，该技术有助于提高资源可用性，优化运维
⑪ 大数据驱动的流程/质量优化	大数据分析有助于发现生产或质量数据中的规律，为流程或产品质量的优化提供洞察。可用的模式包括基于纯统计的"黑盒"模式，以及以专业经验和知识为基础的"白盒"模式
⑫ 基于数据的资源优化	通过智能化的数据分析和控制，优化能耗和资源消耗，例如根据实际的供需情况，开展对厂房能耗及压缩空气的管理
⑬ 生产参数转移	能完全自动地将生产参数转移到其他工厂，例如在某处工厂试点概念，然后在其他工厂复制优化的结果
⑭ 无人值守的数字化工厂	工厂根据自主学习的算法完全独立运作，人工介入仅存在于初期的设计和设立阶段，以及后续的监控和意外处理。该技术能减少运营成本，主要应用于危险品或远程生产设施
⑮ 零部件/产品过程跟踪	通过传感器及与 MES 或 EPR 系统连接的内部数据平台，对产品和原材料的位置进行跟踪。该技术让生产流程和库存水平透明化，能对各个零部件产品进行跟踪

信息来源：思略特分析

第四节 智能制造的基础：工业互联网改变我们的未来

第四次工业革命的基础是工业互联网，5G 网络是其核心，也是智能制造发展的关键支撑技术。

一、工业互联网与 5G 网络如何影响我们的未来

从愿景、现实、挑战与竞争技术四个方面看，目前 3G 和 4G 网络在传输速率、带宽和时延三方面存在不足，5G 技术更具优势。物联网、超高清 / 3D 视频、拟真媒体、移动云、AR/VR、关键物联网等将成为 5G 支撑下快速发展的技术，呈现不一样的未来。

中国 5G 技术发展的时间历程包括 2015 年起的各阶段技术试验、标准制定、网络建设，2019 年的推广（5G 在各大、中城市的商用发布）。中国在 5G 技术上引领全球，华为是 5G 技术的领头羊。

5G 应用将在技术相对成熟、经济价值大的下游场景优先落地，随着时间的推移，更多技术壁垒将被打破，5G 带来的经济价值也将在更多的场景凸显。其应用场景将扩展到智能驾驶、农业无人机、移动高清监控、移动 4K/8K 高清视频、物流无人机、家具互联、高铁通信娱乐、智能配电系统、AR/VR 情景教学与购物、AR/VR 沉浸式娱乐、设备远程操作系统、户外物流机器人、商用车编排行驶、远程检修机器人、辅助远程手术操控、精尖远程手术操控等。

二、智能制造时代 5G 网络主要应用场景

○ **5G 应用情景** ▶ 5G 的应用深刻影响着我们的生活。5G 应用情景在超快带宽、智慧城市、无人驾驶汽车，以及智慧家庭、AR 与 VR 技术、紧急服务等方面得到充分的展现，其提升的移动宽带、超高可靠低时延通信、大规模机器类通信显示了 5G 网络的卓越性。

○ **5G 网络与大规模物联网** ▶ 从智能楼宇（烟雾探测、报警系统、家庭自动化）、智慧城市（停车传感器、智能自行车、废物管理、智能照明）、农业（气候 / 农业监控、畜禽跟踪）、运输与物流（车队管理、货物跟踪）、工业（流程监控与控制、维护监控）、医疗（急救、健康监控、在线预约医生、健康与信息服务）、环境（洪水监控 / 警报、水 / 空气 / 噪声 / 环境监控）到公用设施（智能计量、智能电网管理），无不呈现着 5G 网络在大规模物联网应用中扮演的关键角色作用。

○ **5G 网络技术与新服务需求** ▶ 由于 5G 网络具有高速度、低时延的卓越特点，在传统网络技术所支撑的服务范围中，5G 网络将促进产生新服务需求，如农业、远程控制、高级车联网、可穿戴设备、数字广告、宽带、家庭与办公室互联互通、互联汽车、远程医疗控制、VR 监控、3D 机器人控制、自动化工厂等方面。

5G 技术应运而生，其在数据传输速率、移动性时延及终端连接数量方面的技术优势将推动万物互联，如图 3-4 所示。

5G 技术在智慧城市的智慧能源、智慧安防与智慧出行方面正扮演着重要的角色，如智慧能源的远程操作、并网优化、智能配电、精准负荷控制；智慧安防的超清安防监控、无人机安防巡检；智慧出行的高铁通信娱乐、导航 AR 辅助、智能交通规划、车辆编队行驶、远程驾驶、自动驾驶等。

图 3-4　5G 技术推动万物互联

5G 技术与智慧生活紧密结合，在智慧家居、智慧医疗与文娱消费上提升人们的生活品质，例如智能的家居互联互通，文娱消费融合沉浸式的网络益智游戏、沉浸式教学、赛事全景直播、虚拟购物中心等多样形式，移动医疗设备的数据互联与可穿戴设备、远程手术示教、超级救护车、高级远程会诊、远程遥控手术，它们能带给我们安全、高效、便捷的智慧体验。

5G 将改善工业和农业生产条件，降低危险作业环境对人的依赖，提高生产的远程可操作性和可控性，推动传统生产向智慧生产转型升级。

5G 网络在智能工厂应用场景及价值体现在如下方面。

○ **场外物流追踪与配送** ▶ 对商品进行场外的实时追踪监控，确保整个配送环节最优化，高速稳定的 5G 网络可以显著提升无人机实时精准定位能力，确保配送的准确性与及时性，降低人工成本。

○ **远程监控与调试** ▶ 设备商可以通过 5G 对销往不同区域的设备仪器的状态进行实时监控，实现故障预警，并且进行远程的调试。

○ **大范围调度管理** ▶ 5G 可以服务港口、矿区等占地范围较大的区域，支持货物，甚至运输设备本身的大区域智能调度。

○ **多工厂联动** ▶ 多家工厂之间的数据全面互联，打破信息孤岛，实现不同工厂间、不同设备间的数据交互链接。

○ **远程作业** ▶ 通过 VR 和远程触觉感知技术设备，遥控工业机器人在现场进行故障诊断、修复与作业，降低维护成本。

5G 网络在智慧农业应用场景及价值体现在如下方面。

○ **智能种植** ▶ 5G 通过传感器实时监控湿度、光照等影响农作物生长的因素，将采集的数据上传至云端做出实时分析诊断，及时精确地操控农业设备自行灌溉、施肥。

○ **智慧畜牧** ▶ 5G 网络通过传感器随时采集牲畜生理状况、位置等信息，结合语音识别、图像分析、人工智能等手段监测分析其健康和安全。

○ **无人机作业** ▶ 农业植保无人机将依托 5G 网络扩大飞行范围进行大面积农作物护养，如喷洒种子、药剂等，还可完成牲畜监控、寻找等工作。

第五节 智能制造走进我们的生活

一、智能制造与人工智能

人工智能是一门前沿的综合学科，涉及计算机科学、统计学、脑神经科学、社会科学。人工智能可以代替人类实现多种功能，如识别、认知、分析、决策。人工智能研究的范畴包括认知洞察（Cognitive Insights）、认知自动化（Cognitive Automation）、认知参与（Cognitive Engagement）及其相互之间的交叉耦合，这也是智能制造系统能够实现自主学习、自主决策、不断优化的核心技术之一。人工智能试图在认知与理解、语义识别、应用上下文与交互、理解与决策、学习与改进等能力上模仿和超越人类，如图 3-5 所示的智能机器人与人工智能。目前其主要技术热点为机器学习、深度学习、

图 3-5　智能机器人与人工智能

机器人过程自动化、自然语言引擎、概率推理与语义计算等方面。

人工智能已经产生出许多的认知技术，并应用在智能制造的系统中，如计算机视觉、机器学习、自然语言理解、语音识别、系统优化、系统布局与规划、工业机器人控制、基于规则的系统等，能够很好地解决智能制造系统中的各种复杂状态与场景识别、认知与理解、优化与决策问题。

在自动汽车驾驶、3D 打印、VR 和 AR、无人机、物联网、机器人、区块链等领域，将越来越多地出现人工智能技术的身影，而且其扮演的角色也将越来越重要。

二、智能制造与物联网、联动计算

通过嵌入各种装置中的传感器和执行器，物联网与世界进行的物理和功能的互动无处不在。联动计算的核心包含了通信功能、促进业务流程和洞察力的有效环境。

- 〇 **传感器－连接性** ▶ 基础组件将智能通信嵌入对象中，包括无处不在的各种类型的传感器、制动器／驱动器，以及由近到远的通信方式。
- 〇 **装置生态系统** ▶ 不同类型的智能装置能够互联互通、互相兼容，使原来的对象更加灵活。从智能手机等智能的消费类产品到数控中心加工制造等工业工程装备都具备这样的特征。
- 〇 **服务环境** ▶ 联动计算的模块构建功能、由传感器和装置提供的各种服务能力（整合资源、规划过程、分析建模与安全保障等）。
- 〇 **业务应用案例：**利用联动计算的行业代表案例覆盖了从基础的指标分析到高级的需求业务。

在物联网到联动计算的同心系统中，其作用将呈现在现在与未来的诸多领域中：物流库存和资产管理、车队监控、路线优化；卫生－健康的个性化治疗与远程患者护理；机械领域工人的安全、远程故障排除、预防性维护；制造业过程中联动的机械与自动化控制。

三、智能制造时代的无人驾驶技术与未来汽车技术

无人驾驶技术与未来汽车技术在智能制造时代将是一道亮丽的风景线。未来汽车的车内空间将更多地融入休闲和娱乐元素，变身为"车轮上的起居室"，飞行的汽车也将进入我们的生活。

未来无人驾驶汽车具备的功能包括定位（使用全球定位系统的数据及地图软件定位并告知交通道路信息）、路径规划（利用传感器规划避开行人、车辆与障碍物的行驶路径）、通信（利用车载通信传输车辆、基础设施及交通信号标识之间的信号）、感知环境（利用激光雷达感知周边的环境、匹配三维地图，利用摄像头识别交通信号、建筑标识、道路与车辆）、决策与执行（利用大量道路测试数据在遇到少数意外事件/障碍物时做出及时正确的决策与车辆行为）、动态适应交通流（结合车载通信来优化速度、选择车道、节约时间和能源、避免交通堵塞）。图3-6展现了人工智能强化无人驾驶技术。

汽车设计者和制造商将利用多种技术，创造出联网的汽车内饰和无人驾驶活动空间：AR、人机界面、多媒体一体化浸入——嵌入式和带入式。不同寻常的材料将进入研发未来汽车内饰过程中。例如，被用作屏幕的汽车玻璃，由眼球追踪和手势识别控制；可支持多媒体全方位沉浸和显示AR的挡风玻璃；传感器使汽车能够绘制周围环境的复杂地图；可伸缩方向盘，可以隐藏在仪表板中；从手动到全自动之间的多种驾驶模式；位于汽车前部、后部的大型LED灯光组件，可识别汽车的运行模式；旋转座椅可转向正在上车的乘客。

图 3-6 人工智能强化无人驾驶技术

　　传感器、材料、显示器和人工智能等领域的进步将极大地增强出行体验——不限于超大的触摸屏和手势控制，汽车将理解情景，流畅地适应不断变化的情况。例如，"活性"玻璃能够显示动态图像并作为联网触摸屏；动态传感器使汽车能够流畅自然地适应匹配驾驶者的喜好、行为和意图；改造的车轮可以根据驾驶者的行为和生理数据（姿势、心跳、呼吸等）做出反应；支持专注驾驶模式，旨在提升体验质量和驾驶者的表现；关注舒适度，通过不同的自动化程度支持一系列可用特性。

　　汽车前装电子系统将是未来智能汽车的核心。从先进的通信系统、智能的导引导航系统、丰富准确的照明与屏幕显示、个性化的舒适性控制到重要而更加智能的安全系统、动力控制系统、自主诊断系统与维修系统，未来的智能汽车将更加舒适、安全、智慧、可靠。

○ **通信系统** ▶ 语音 / 数据通信、专用短程通信、电子收费。

○ **导引导航系统** ▶ 导航系统、盲区导引、泊车系统。

○ **照明显示** ▶ 自动防眩后视镜、平视显示器、仪表板、内部照明、夜视、数字转向灯、自适应前照灯。

○ **舒适性控制** ▶ 车内主动降噪、车内环境控制、座椅控制、主动减振装置、娱乐系统、主动排气降噪、雨刮控制。

○ **安全系统** ▶ 事故记录、事件数据记录系统、疲劳驾驶检测、胎压检测、远程免钥入车系统、气囊展开、家长控制、安防系统、车道更正、车道偏离警告、电子稳定控制、电池管理。

○ **动力控制系统** ▶ 自适应巡航控制、再生制动、防抱死制动、主动式舵角控制器、变速器控制、坡道驻车、主动悬挂、电子节气门控制、电子气门正时系统、怠速启停系统、气缸关闭系统、传动轴承、引擎控制、差速器、电动 / 混合动力。

○ **其他系统** ▶ 自主诊断系统与维修系统。

四、智能制造与未来智能建筑技术

在不久的将来，面对日益激烈的行业竞争，未来的建筑设计与施工建造将会越来越智能，3D 打印、模块化、VR、机器人、代管服务、AR、建筑信息建模、区块链技术都将进入建筑设计、规划、建设、运营管理的过程中。

○ **3D 打印** ▶ 以更低的成本及更快的速度生产复杂制造品。

○ **模块化** ▶ 以正常所需时间的一小部分建成建筑物。

○ **VR** ▶ 以虚拟的方式在施工开始前发现潜在的问题。

○ **机器人** ▶ 专业建筑机器人可以在更短的时间内完成任务。

○ **代管服务** ▶ 通过外包进行开具发票等例行工作能够提高效率。

○ **AR** ▶ 在建筑项目完成之前全面体验使用感受。

○ **建筑信息建模** ▶ 使所有人从项目的开始到结束能同步跟进。

○ **区块链** ▶ 可以使用分布式账簿技术精简合同和供应链运营。

在未来智能建筑的模块化设计、建造、维护过程中，模块化的质量与折旧、所有相关方之间的合作、设计和材料的选择与传统的建造方案都将面临新的机遇与挑战。

机器人技术正在向建筑业进行无缝融合，如用于场地的检查与监测的无人机、无人驾驶的建筑工程车辆、砌砖机器人与抹墙机器人等。未来建筑业机器人将增加创新并融合与人类的合作过程，可降低建筑项目成本、节约时间。机器人创新的重点领域包括开发执行工作量大、难度高、重复性强任务的机器人；开发执行危险任务的机器人；开发托举和放置重物（即钢材和钢筋）的机器人；开发执行精确调查、计量和布局相关任务的机器人。

智能建筑与人工智能将密切结合。在远程设备诊断方面，基于传感器数据整合和总部专业工作人员分析的远程诊断过程，将提出问题的解决方案；在设备使用优化方面，通过项目计划、优化引擎、GPS 定位，基于可用性、地点和需求数据可实现设备生产力优化。

智能建筑与 VR、AR、MR 正在紧密结合。VR 可呈现完全沉浸式建筑信息建模，相比查看图纸，项目团队可更好地审查空间和背景；相比传统流程，可更早改善可用性和冲突，利益相关方和终端用户可更好地了解待建工程。AR 很容易查看实时虚拟建筑或系统叠加层，只需在周围走动并将设备对准对象即可从任何角度查看静态虚拟对象，结合专业公司的软件开发包，AR 将更加普遍。MR 将在真实的世界和虚拟的世界中产生更佳的互动与空间映射。

结合 VR、AR、MR，智能建筑将在可视化、业务转型、增加合作、加强培训过程中呈现新的变化趋势。可视化即使用者能够可视化非直接可见的周围环境，获取对象或模型的视觉洞察；业务转型即在墙面或桌面显示属于真实世界的信息，解锁业务和生产力方面的新可能性；增加合作即在可视化起重要作用的项目上加强合作，通过链接视图、语音和手势进行支持。

五、智能制造时代的智能医疗之路

科技创新以空前的步伐发展，医疗器械领域的一系列创新将进一步补充和完善患者和消费者的数据分享技术。

自主式外科手术机器人和智能气球导管等创新手术技术将提升复杂手术的效果，并创造新的微创手术形式。

精巧的诊断和成像技术将利用 DNA、纳米机器人和人工智能加快诊断、成像和重要的后续治疗决定。为了在乳腺癌活检中检测癌症迹象，谷歌已经着手利用"深度学习"——人工智能的一个分支，从大量图像的数字化表示中识别癌症。

在给药和患者监护技术方面，将通过如生物印章和智能呼吸机等设备对给药进行个性化并最大限度地减少给药的介入性。这些智能设备不仅可以向患者发送用药提醒（从而保证对医嘱的遵守），还可以将数据传输给医生，从而实现更个性化的、更主动的治疗。

辅助护理和治疗技术（如生物合成肾脏）将最大限度地减少对部分服务（如透析）的需求，以及减少许多与当今医疗体系有关的患者风险。美国加利福尼亚大学的研究人员已经开发出了咖啡杯大小的第一个植入式人工肾脏的原型。该人工肾脏包含由硅纳米技术制成的微芯片过滤器，以及由患者自己的肾脏提供活力的活肾细胞，进一步保证器官排斥不会发生。

在未来的医疗中，从创新手术技术、精巧的诊断和成像技术、给药和患者监护技术到辅助护理和治疗技术，它们在不同类型疾病的预防、诊断、治疗和护理上将扮演至关重要的角色。

○ **创新手术技术** ▶ 包括自助式手术机器人/机器眼、3D 打印的手术计划模型和仪器、AR 辅助手术、智能气球导管、光折变基质交联等。

○ **精巧的诊断和成像技术** ▶ 包括人工智能、基于远程的诊断设备、DNA 纳米机器人、眼镜成像视觉系统、微型视网膜扫描仪等。

○ **给药和患者监护技术** ▶ 包括生物印章、智能呼吸机、基于纳米技术的给药系统、隐形眼镜－眼睛的结合等。

○ **辅助护理和治疗技术** ▶ 包括无铅起搏器、神经义肢技术、生物合成肾脏、脑深部刺激、超声波治疗、植入式仿生镜片/高级仿生眼、智能隐形眼镜、VR 设备等。

第六节 智能制造的时代：智能世界，触手可及

智能制造将积极影响和改变我们生活的方方面面。5G、云计算、物联网、人工智能的融合应用正在塑造一个万物感知、万物互联、万物智能的世界，它比我们想象中更快地到来。在《2025年十大趋势：智能世界，触手可及》中，华为展望了2025年行业发展趋势，让我们一起预见触手可及的智能世界，每个人、每个企业、每个行业都将从中获得新能力，挖掘新机会，创造无限可能。这十大趋势分别是：是机器，更是家人；超级视野；零搜索；懂"我"道路；机器人从事"三高"；人机协创；顺畅沟通；共生经济；5G-加速；数字治理。

随着材料科学、感知人工智能，以及5G、云计算等网络技术的不断进步，将出现护理机器人、仿生机器人、陪伴机器人、管家机器人（图3-7）等形态丰富的机器人，涌现在家政、教育、健康服务业，带给人类新的生活方式。

5G、AR/VR、机器学习等新技术使能的超级视野，将帮助我们突破空间、表象、时间的局限，赋予人类新的能力。

智能交通系统将把行人、驾驶员、车辆和道路连接到统一的动态网络中，并能更有效地规划道路资源，缩短应急响应时间，让零拥堵的交通、虚拟应急车道的规划成为可能。

人工智能、云计算等技术的融合应用，将大幅促进未来创新型社会的发展：试错型创新的成本得以降低；原创、求真的职业精神得以保障；人类的

作品也因机器辅助得以丰富。

　　自动化和机器人，特别是人工智能机器人，正在改变我们的生活和工作方式。它们可以从事高危险、高重复性和高精度的工作，无须休息，也不会犯错，将极大提高生产力和安全性。如今，智能自动化在建筑、制造、医疗健康等领域受到广泛应用。

图 3-7　管家机器人

参考文献

［1］普华永道. 智能装备：中国企业的三个制胜之道［EB/OL］.（2017-03-01）
［2021-10-13］. https://www.strategyand.pwc.com/cn/zh/reports-
and-studies/intelligent-equipment.html.

［2］普华永道. 数字化工厂202：塑造制造业的新未来［EB/OL］.（2018-02-02）
［2021-10-13］. https://www.sohu.com/a/222378676_286727.

［3］安永. 中国扬帆启航，引领全球5G：中国实现全球5G创新领先地位的关键举
措［EB/OL］.（2020-07-25）［2021-10-13］. https://wenku.baidu.com/
view/c474233ccf2f0066f5335a8102d276a20129600b.html.

［4］普华永道. 人工智能和相关技术对中国就业的净影响［EB/OL］.（2019-05-
28）［2021-10-13］. https://www.sohu.com/a/317045514_524624.

［5］安永. 无人驾驶能否成为汽车发展的终极目标［EB/OL］.（2017-08-25）
［2021-10-13］. http://www.199it.com/archives/626513.html.

［6］安永. 科技如何应对工程与建造业面临的挑战［EB/OL］.（2019-04-30）
［2021-10-13］. https://www.doc88.com/p-6909931587361.html.

［7］毕马威中国. 医疗器械行业2030年前景展望［EB/OL］.（2018-05-08）
［2021-10-13］. https://www.sohu.com/a/230880747_100052543.

［8］华为. 2025年十大趋势：智能世界，触手可及［EB/OL］.（2019-08-
12）［2021-10-13］. http://www.xinhuanet.com/info/2019-08-12/
c_138302199.htm.

［9］德勤咨询. 5G重塑行业应用［EB/OL］.（2018-10-11）［2021-10-13］.
http://www.199it.com/archives/782127.html.

[10] BRETT L, LAURENT P, GIANTURCO P, et al. AI and you: Perceptions of artificial intelligence from the EMEA financial services industry [EB/OL]. (2017-04-01) [2021-10-13]. https://www2. deloitte.com/content/dam/Deloitte/cn/Documents/technology/ deloitte-cn-tech-ai-and-you-en-170801.pdf.

第四章

智能制造
开创新未来

第一节　激发灵感的创成设计

一、创成设计

设计通常有工程设计和艺术设计之分，即所谓的常规问题和创意性问题。常规问题，如以功能为主要考虑因素的机械产品设计问题，可通过计算机程序进行半自动化或全自动化设计。而创意性问题通常是仁者见仁、智者见智，是一种需要多维度发散式思考的设计方法。设计师在产品概念设计阶段，需要充分考虑各个设计要素，通过纸笔草绘来对产品概念设计进行提炼、组合，而在达到最终设计目的的设计过程中，创意性问题始终是产品设计中的关键。

产品在概念设计中具有创意需求，需要综合考虑部件的类型、尺寸和位置参数信息。创成设计是通过随机组合要素信息，对产品进行形态分析而选择一种满足实际需求的设计方案的过程。创成设计最初主要应用于建筑设计中，近年来逐渐拓展到机械、工业产品设计领域。因创成设计方法可以为设计师提供大量探索性设计方案，其已成为在工程领域被广泛认可的设计方法。

创成设计是一个迭代设计过程，通过程序算法生成满足产品需求的一定数量设计模型。为了满足一系列约束条件，设计师可以修改规则或程序参数，设置程序变量步长微调可行区域。创成设计可以由人工操作，也可以由测试环境中的测试程序或人工智能软件操作。创成设计可以输出图像、声音、建筑模型和动画等（图4-1）。

创成设计流程结合数字计算机的强大功能，可以探索解决方案大量可能的排列，使设计人员能够生成和测试全新的选项，超越人类独自完成的任务，

图 4-1　使用创成设计创造的家具

（图片来源：https://en.m.wikipedia.org/wiki/Generative_design#/media/File:Samba_Collection.JPG）

从而实现最有效和优化的设计。它模仿了大自然通过遗传变异和选择进行设计的进化方法。

　　创成式设计方法在工程应用中变得越来越重要。创成设计可以为复杂问题设计提供简单有效的解决方法，使其成为解决大型或未知解决方案集的工程问题时具有吸引力的选择。目前商用 CAD 软件包中大多有创成设计模块，使创成设计变得更加直观。

二、快速成型、增材制造与 3D 打印技术

　　物体成型方式大致可以分为四类，分别为去除成型、添加成型、受迫成型和生长成型。

　　去除成型又称减材制造，是采用车、铣、钻、磨、削（图 4-2）等加工方法，把材料按照一定的顺序从基体上去除而成型的加工方法。

　　添加成型又称增材制造，是基于机械、物理、化学等方法按照一定工艺通过材料叠加来达到零件成型的加工方法。快速成型技术是典型的添加成型工艺，因其可快速制造任意形状零件，而具有广阔的应用前景。

　　受迫成型又称等材制造，是利用可成型材料在边界约束下成型的一种加

图4-2 车削

工方法，如铸造加工、锻造加工等传统加工工艺。

生长成型是利用活性生物材料成型的一种方法，生物自然生长、克隆（图4-3）等技术均属生长成型范畴。随着仿生学的应用、生物化学和生命科学技术发展，生长成型具有广阔的应用前景，例如利用生长成型技术培养人体的内脏、器官及骨架等。

快速成型技术，又叫快速原型制造技术，是通过数字几何模型驱动并快速制造出复杂三维形体的技术总称。在加工零件成型过程中，可通过3D扫描技术把零件模型离散为"点""面"几何信息，按照既定工艺和运动规律由点及面、由面及体堆积成型为目标零件。

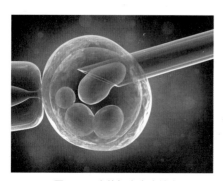

图4-3 人体细胞克隆技术

增材制造，是一种利用3D数字模型，通过挤压、黏接、融化、烧结等方式对材料进行自下而上"堆积"成型的加工方法。增材制造工艺可以分为三类，第一类为非金属模型及零件增材制造，该类工艺可以用于新产品设计开发及文化艺术创意。第二类为生物组织及器官增材制造，亦被称为增材培养，主要用于人体硬组织、软组织、人体器官的体外或体内"培养"。第三类为高性能金属构件增材制造，应用于工业生产、制造中。

在非金属模型及零件增材制造工艺中，常用的有五种基本工艺，包括立体印刷（SLA）、叠层实体制造（LOM）、熔融沉积制造（FDM）、选择性激光烧结（SLS）和 3D 打印技术（3DP）。

图 4-4 3D 打印机

（图片来源：https://upload.wikimedia.org/wikipedia/commons/5/5b/Ultimaker_History_-_6_Ultimaker_2.png）

3D 打印技术（3 Dimensional Printing）指通过将产品的三维模型转化为既定的数字文件，利用 3D 打印机（图 4-4）按照既定轨迹将粉末状金属或塑料逐层打印成型的一种技术。由于 3D 打印名称更加形象化，所以人们将多种增材制造工艺统称为 3D 打印技术。

3D 打印技术具有数字化制造特征，可实现降维分层制造以适应任意复杂几何结构，可实现非匀质功能梯度材料的制备。对于高性能、传统加工工艺难以成型的复杂部件可以直接制造避免复杂的部件组装过程，制造工艺流程短、效率高。经过几十年应用发展，3D 打印加工在一些产品加工工艺中逐渐替代了传统加工工艺，大幅加快了生产周期，并降低了生产成本。3D 打印技术当前取得了飞速进展，在机器人、生物移植、医疗手术、产品造型设计、航空航天制造工程等领域均有广泛应用。

三、从 3D 打印到 4D 打印技术

4D 打印技术指通过增材制造工艺制备的智能材料与结构，在外界条件

发生变化时，利用功能材料的热敏效应、化学效应和光敏效应实现构件形状及功能在时空维度熵的定向调控，以满足既定应用需求。

3D 打印偏重于材料结构的制备，而 4D 打印则以材料－结构－功能一体化制造为导向。4D 打印是在三维打印的基础上增加了时间维度，在 3D 打印的基础上和外界刺激作用下，材料可自我构建和重新组装的一种革命性的新技术。

4D 打印技术是由麻省理工学院计算机系科学家斯凯勒·蒂比茨（Skylar Tibbits）在美国 TED 大会上首次提出的概念，并演示通过 4D 打印，绳索在水环境刺激下自动弯曲变形自重构为"MIT"字母排列，由此开启了 4D 打印技术的研究热潮。

目前可用于 4D 打印的材质有金属、陶瓷、聚合物和复合材料，根据所受激励的不同，可大致分为温度驱动型智能结构的增材制造技术、电驱动智能材料的增材制造技术、光驱动智能材料的增材制造技术、磁驱动材料的打印技术、水凝胶材料的增材制造技术、水驱动型智能结构的增材制造技术等。

2014 年，由蒂比茨领衔的 MIT 自组装实验室基于 4D 打印技术，实现了木材、碳纤维、聚合物等材料结构自组装功能。2015 年，该团队基于快速液体打印技术（RLP），在溶胶溶液中打印出一件能自动调整三角网格单元的大小和形态的 4D 打印连衣裙，这条裙子能基于穿戴者的身体形态自动调整衣服的形态结构和造型，能根据穿戴者喜好"量体裁衣"。依靠快速液体打印技术还能实现 4D 打印时尚购物袋。

哈佛大学刘易斯研究团队基于丙烯酰胺水凝胶、纤维素及荧光染料等材料，混合调制了一种新型凝胶状 4D 打印材料，该材料富含多种微小纤维素，通过不同组合方式调节该混合物质的硬度及溶解度，可在预先设定的水环境刺激下控制所打印物体形状的变化。

4D 打印技术可以应用于航空航天领域，日本电气股份有限公司（NEC）

采用 4D 打印技术研发了微波驱动飞机自变形管道。在工业方面，利用 4D 打印技术可实现汽车车轮柔性覆盖板的制造，以实现不同路况环境下轮胎尺寸的自动调整。4D 打印技术还可用于制造药物装载载体，实现药物定向输送，达到精确的治疗效果。在医学领域，通过 4D 打印技术可培植制备可植入性器官，还可打印气管支架，减轻患者在手术中的痛苦、提高治疗效率。

第二节 智能制造虚拟现实技术

一、虚拟现实技术

虚拟现实技术（VR）是利用计算机软硬件、传感器和网络技术模拟产生一个三维空间的虚拟世界，提供使用者视觉、听觉、触觉、嗅觉和味觉等感官模拟，增强使用者体验感。

VR 是在三维空间中实现人机交互的技术（图4-5），除了数据头盔显示设备，常用的 VR 设备还有人体运动跟踪器、数据手套、数据衣、三维手柄、声音生成器、力反馈装置、嗅觉传感器、味觉传感器等（图4-6）。

数据手套是一种手戴式穿戴设备，集成各种传感器用于检测用户手的姿态和活动，并将相关信号发送给上位机，驱动虚拟模型模拟真实手部的动作。

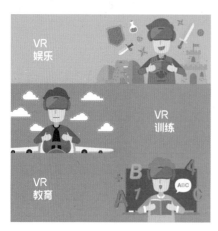

图4-5　VR 的部分应用

图4-6　一位佩戴数据头盔和数据手套的女士

（图片来源：https://upload.wikimedia.org/wikipedia/commons/c/c4/Head-mounted_display_and_wired_gloves%2C_Ames_Research_Center.jpg）

三维浮动鼠标工作原理是通过在鼠标内部嵌入超声波或电磁探测器，利用其发射和接收信号，进而测得移动的位置和方向。

触觉和力反馈设备是用户与虚拟环境交互的另一载体，一方面可向虚拟环境中传递用户的控制意图；另一方面可向用户实时传递虚拟物体的运动状态和位置，通过对三维反馈力大小和方向的模拟及再现，向用户反馈虚拟物体细节特征。

触觉设备指基于胡克定律和三维动力学模型，可模拟虚拟对象的硬度、黏度和摩擦力等物理属性，基于传感设备模拟产生触觉反馈。

虚拟嗅觉指通过控制不同的香味气体的释放，使用户闻到虚拟的食物味道。

虚拟味觉通过数字方式模拟味觉，该方法被称为数码味觉接口，包含控制系统和舌头接口模块。控制系统可以配置不同性质的电流、频率和温度刺激，令使用者获得酸、咸、苦的味觉；舌头接口可借助两片金属电极，通过热刺激产生薄荷味、辣味和甜味。

二、VR、AR、MR 辅助

○ AR ▶ 通过计算机技术，将虚拟的信息映射到物理世界中，实现真实环境和虚拟信息在时空维度的叠加。

○ MR ▶ 在物理现实与虚拟现实的连续闭集空间范围内，包含增强现实和增强虚拟概念，集成真实的环境信息和虚拟的信息，产生新的可视化环境，具有高度的沉浸感。

虚拟现实根据交互性、沉浸感和构想性程度的不同，可分为物理现实、增强虚拟和虚拟现实不同层次。图 4-7 基于虚拟现实和物理现实建立了一维坐标，揭示了 VR、AR 和 MR 的不同内涵。

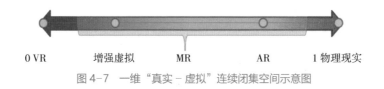

| 0 VR | 增强虚拟 | MR | AR | 1 物理现实 |

图 4-7 一维"真实 – 虚拟"连续闭集空间示意图

三、数字化加工系统——虚拟制造

虚拟制造（Virtual Manufacturing，VM）指基于虚拟制造环境建模与仿真，模拟实际生产过程，实现制造工艺规划的目的，是一种多学科交叉技术。典型应用为基于 VR 的装配工艺规划仿真和基于 VR 的生产线仿真。

1. 基于 VR 的装配工艺规划仿真

产品装配是机械产品制造工艺的最后环节，装配质量和装配效率与产品性能息息相关。虚拟装配（如图 4-8 所示）是对实际装配过程的模拟，不仅可以重现装配流程，还可优化装配工艺，提高装配效率。

虚拟装配技术借助计算机仿真技术，针对零部件三维实体模型，进行相关装配操作和工艺分析，实现产品装配规划和优化，根据实际应用确定合理的装配工艺和设计方案。根据装配工艺侧重点和目标的不同，可分为以产品结构设计为中心、以工艺优化导向、以制造系统规划为目的和以产品虚拟概念原型为中心的虚拟装配方法。

以产品结构设计为中心指基于 CAD 技术，主要分析产品数据模型的装配关系以验证产品设计的合理性。

以工艺优化为导向指结合计算机仿真技术，构建产品信息和装配资源模型，基于对产品的装配工艺分析评价结果，实现装配工艺方案优化，指导产品实际装配生产。

以制造系统规划为目的指结合生产调度规划和产品装配工艺信息，在虚拟装配平台上模拟产品加工、装配、检测、运行及维护的过程，实现对配套零件供应数量、产品库存及工具调度等生产要素进行组织调度模拟。

以虚拟概念原型为中心指利用计算机仿真系统检验新产品几何外形和功能特性，以匹配产品物理样机性能。

图4-8　方程式赛车虚拟装配

2. 基于VR的生产调度仿真

基于VR的生产调度仿真技术，指利用VR通过对虚拟生产制造单元有机组合，实现生产制造流程仿真，为用户、设计师和管理人员提供生产线的可视化生产过程，如图4-9所示。基于VR的生产线可以结合实际工艺流程、制造节拍、生产效率及实际工况进行动态模拟，为实际生产线的组装、改进和实际运行提供指导依据。

图4-9　基于VR的生产线布局仿真（温州大学舒亮教授供图）

基于 VR 的生产线仿真关键技术包括生产单元运作、生产流程仿真和半工业化仿真。生产制造单元包括加工单元、连续输送单元、AGV、工业机械臂等。实现虚拟生产线的仿真，首先要实现对加工单元、连续输送单元、AGV 和工业机械臂进行建模，如图 4-10 所示。

虚拟环境中的模型指实际的或想象中的物体及对象的数学表示，不仅包括虚拟对象坐标位置、矢量方向、材质和几何属性等静态特征，还须具有对象的运动、力学行为和约束条件等动态特征。虚拟装配中产品数字化模型构建包括几何建模（如汽车几何模型构建）、基于图像的虚拟环境建模（如 VR 全景街景）、图像与几何相结合的建模技术（如赋予纹理的山峰模型）和基于力学及运动特征的行星齿轮减速器模型及数控加工中心模型等，如图 4-11 所示。

（a）

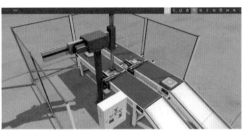

（b）

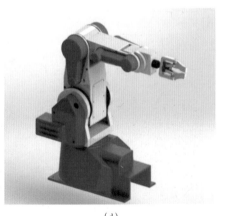

（c）

（d）

图 4-10　（a）加工单元，（b）连续输送单元，（c）AGV，（d）工业机械臂

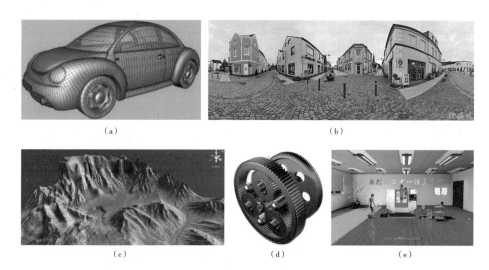

图 4-11 （a）汽车几何模型，（b）VR 全景街景，（c）赋予纹理的山峰模型，（d）基于力学及运动特征建模的行星齿轮减速器模型，（e）数控加工中心模型

四、基于虚拟制造技术的数字孪生制造系统

虚拟制造技术指对真实物理产品进行理想的数字化表达，通常用于生产制造工艺流程优化仿真结果的模拟，无法实时动态指导实际生产工艺流程。数字孪生技术（如图 4-12 所示）则强调虚拟模型与实际物体在静态属性和动态属性上实时匹配，在数字孪生的信息物理系统 CPS 中，不仅三维模型数

图 4-12 东风汽车数字孪生车间（湖北机械工程学会揭英诚副秘书长供图）

据与实际设备形态参数等比例映射，虚拟设备之间的控制逻辑和动态行为也要匹配实际生产制造流程，形成镜像的数字化虚拟对象。

实际生产过程中各个制造装备及制造单元的运行参数通过既定数据接口接入仿真系统，驱动仿真系统中的虚拟设备，实现生产线的虚实融合与同步（如图 4-13 所示）。用户或管理人员通过虚拟设备即可查看、监管和控制产品实际生产情况。

图 4-13　虚实同步的数字孪生车间（温州大学舒亮教授供图）

五、数字孪生模型赋予的物理生命体

智能制造的核心是信息物理系统，可实现数字模型与物理世界深度融合与联结，赋予数字 - 智能时代的物理产品以"生命力"——使物理产品与数字模型交互驱动，并使物理产品具有自感知和"自我意识"能力，促进产品自我完善与进化，诸如此类物理产品可定义为"物理生命体"。

物理生命体生命力体现在其具有环境感知能力、自适应能力和自学习能力，可动态地适应环境变化，在其服役实践中能够不断总结经验，通过对不同加工工艺参数及其相应加工结果数据进行量化分析，可使自身变得越来越"聪明"。

物理生命体生命力来自数字孪生体，构成物理生命体要素应包括物理产品三维结构模型、反映内在运行规律的多物理域模型及相关优化仿真技术。在服役的全生命周期过程中，基于多传感器网络系统采集产品孪生数据与环境数据，建立物理产品数字孪生模型，可构建物理生命体身体机能，以自适应环境变化。对服役过程中孪生数据的处理和分析技术，则使智能装备与产品具有工作状态自我意识，实现物理生命体的控制、维护与进化。

体现物理产品生命力的是产品服役中的过程数据，包含装备产品运行过程数据、产品"孕育"过程中的设计、制造及装配数据，为物理产品"生命"过程留下了痕迹。通过产品"孕育"过程中留下的历史数据能实现产品质量追溯。通过全生命周期运行过程历史数据，可实现产品功能潜在关联与进化，指导产品性能升级与技术创新。

数字孪生根本意义在于实现物理产品"生命"过程孪生，数字孪生体随时间动态演进，是区别数字模型的根本特征。因此，物理生命体及其相关活动属性均具有时间性。

数字孪生模型不仅可对物理生命体自身状态认识和控制，还可以融入具有一定智能性的工具使数字孪生模型具备创造能力，麻省理工学院博士生艾伦·赵（Allan Zhao）等为机器人设计提出的机器人语法（RoboGrammar）就是典型代表，该语法通过对待解决问题的定义，可设计出能解决定义问题的机器人结构，但该求解方案不是传统的唯一解，而是数十万可行解决方案的集合，并通过启发式功能，不断收敛至最佳解决方案。

综上所述，数字孪生体是赋予物理装备生命力的真正"存在"的语言，是一种具有自我意识的语言，也是一种赋予了物理生命体以生命力的语言。

第三节 智能制造人工智能未来发展

一、超级人工智能

人工智能，英文名称为 Artificial Intelligence，简称 AI，最早由约翰·麦卡锡（John McCarthy）在 1956 年提出，根据其发展阶段不同分为弱、强和超级三个层级。

1. 弱人工智能（Artificial Narrow Intelligence，ANI）

弱人工智能指在单一问题或某个既定领域中具有优越的计算性能和处理能力，是通过既定程序实现的具有一定的启发式算法功能，其智能程度并没有达到人类智慧层级。弱人工智能在解决某个特定任务上具有较强的能力，比如战胜象棋世界冠军的人工智能 AlphaGo（阿尔法围棋），它的象棋技术很高，但如何进行工业产品的设计和工艺规划，它却无法处理。

2. 强人工智能（Artificial General Intelligence，AGI）

强人工智能指可以达到人类智慧级别的人工智能，在学习、语言、认知、计划、抽象思维、逻辑推理等方面都能企及人类水平，可以替代人类脑力活动。强人工智能的目标是替代人类在非监督情况下自主处理复杂问题，并能自如应对未知状况，可与人类交互学习，达到了具有一定"人格"的基本条件，可以独立思考与决策，如电影《机械姬》里面的艾娃。

3. 超级人工智能（Artificial Super Intelligence，ASI）

超级人工智能指在科学创新、通识、社交技能等各方面超越人类大脑的一种智慧。超级人工智能跨过了"技术奇点"，打破人脑思维限制，超过人脑计算能力，其观察与思考的内容是人类无法企及的，例如电影《神盾局特工》中黑化后的艾达就被赋予了超级人工智能。

人工智能的发展历史体现着智力指数的增长。1936 年，艾伦·图灵发表了关于图灵机的具有里程碑意义的论文，奠定了现代计算机的理论框架。他提出了一个由简单的开关——0 和 1 组成的机器的概念。仅 75 年后，这种机器就可以像人类一样思考——2011 年国际商业机器公司开发的 AI 机器人华生（Watson）因为在智力竞赛节目《危险边缘》（Jeopardy）中击败了两个人类对手，在全世界引起了轰动。近年来，谷歌、脸书和苹果等大数据公司在人工智能方面投入大量资金，支持人工智能领域的快速发展。不久的将来，你将坐在共享汽车的后座，在没有司机的情况下，智能机器人会用各种语言与你交流，而国际商业机器公司的华生将为你分析病因，成为你无所不知的私人医生。

虽然人工智能取得了一定的进展，但有许多学者认为当前的人工智能仅是人类程序员的智慧，对渗透我们生活中的人工智能技术发展感到并不满足。当前的 AI 算法仅在特定的任务中表现非常好，并不能解决任务之外的相关问题，这是现阶段把人工智能定义为机器智能的原因。

人类级别的人工智能属于强人工智能范畴，这将是 AI 发展过程中的一个里程碑，是社会发展的关键转折点。一旦其在各方面都能和人类比肩，我们就可以将发明任务的重担转移到计算机上。

人工智能一旦达到高级机器智能（HLMI）水平，就可以实现递归式的自我改善，其发展进程可能会迅速加快。在所有智力任务中表现优于人类的高级机器智能在创建更智能的高级机器智能方面，也将优于人类。因此，一旦高级机器智能真正比人类更善于思考，它将不断改进自己的代码或设计更高级的神经网络。这样，即使不太智能的高级机器智能也将设置更智能的高级机器智能来构建下一代，以此类推不断发展演化。由于计算机比人类以更快数量级速度执行，智能的指数增长速度也难以想象。这种失控的信息爆炸被称为技术奇点。超级人工智能一旦存在，在某些情况下会对社会产生深远

实现强人工智能有两条主要途径

第一种方法依赖于复杂的机器学习算法。这些机器学习算法通常受大脑神经回路的启发，专注于程序如何获取输入数据，学习分析数据并提供所需输出。比如，你可以通过在不同的环境中展示成千上万的苹果图片来教一个程序识别苹果，就像教婴儿学会识别苹果一样。

第二种方法是进化设计出人类级别的机器智能，即全脑仿真。它的目标是复制或模拟我们大脑的神经网络，利用大自然数百万年演化而来的艰苦的认知能力进行选择。如果我们可以对大脑中的每个神经元进行成像，然后在计算机界面上获取该数据并对其进行模拟，那么我们将拥有人类级别的人工智能，可以通过添加越来越多的神经元以达到功能最大化。

的影响。它对社会非常具有破坏性，如果人类不再是地球上最聪明的物种，那么人类社会政治结构可能会崩溃，超级人工智能可能会把人类当作昆虫一样看待。

人工智能还有一个可怕的前景就是用于战争。实际上智能武器正在进入人类的战争。它们被应用于战争时完全不需要等待通用人工智能的发展，弱人工智能已经足以发挥作用。除了武装武器，人工智能还将被用于战场规划和战略战术决策。为此，许多知名科学家、学者和首席执行官，包括斯蒂芬·霍金和埃隆·马斯克，签署了公开信，警告人们人工智能将会将人类带到危险境地，人们应该谨慎行事。

二、脑机接口——人机融合

脑机接口（Brain-Computer Interface，BCI）（图4-14）指通过芯

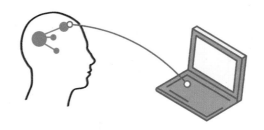

图 4-14 脑机接口示意图

片、传感电路建立大脑、肢体或神经系统与外部计算处理设备的联系，实现信息传递、交互及控制。

　　在早期研究中，科学家利用动物进行脑机接口试验，包括面向运动功能的脑机接口和面向感觉功能的脑机接口。面向运动功能的脑机接口指通过记录大脑皮层控制肢体运动的复杂神经信号以实现肢体运动控制。面向感觉功能的脑机接口指为恢复受损的听觉、视觉和前庭感觉等感觉功能而制作的假体，如人工耳蜗、视网膜、中枢视觉系统等。除了用于控制肢体运动的脑机接口，还有通过肌肉的电信号实现神经系统信息传递的脑机接口。通过肌电类脑机接口可以刺激瘫痪或残疾人士的肌肉组织辅助重建自主运动功能。

　　脑机接口按传感芯片是否植入大脑皮层可分为侵入式、部分侵入式和非侵入式三类接口。

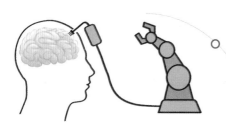

图 4-15　侵入式脑机接口控制机械臂

○ **侵入式脑机接口** ▶ 通常将芯片植入大脑灰质，采集相关神经信号以控制人类运动功能。侵入式脑机接口容易引发免疫反应，导致信号质量衰退或消失。通过侵入式脑机接口可实现视觉机能重建，并能通过意念实现机械臂的操作与执行，如图 4-15 所示。

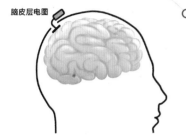

图 4-16　部分侵入式脑机接口实现脑电皮层成像

○ **部分侵入式脑机接口** ▶ 将芯片电路植入颅腔内、灰质外的区间，基于脑电皮层图技术获取神经元状态信号发送至外部计算设备，完成脑－机接口控制，如图 4-16 所示。部分侵入式脑机接口优点是发生免疫反应和愈伤反应概率小，可长时间采集监控神经元信号信息。

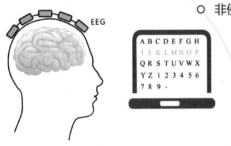

图 4-17　非侵入式脑机接口拼写字母符号

○ **非侵入式脑机接口** ▶ 指利用脑电图等神经成像技术作为脑机之间的接口，记录神经元信号，以控制人类肢体运动，辅助恢复运动机能，如图 4-17 所示。非侵入式脑机接口具有时间分辨率高、操作简单、便于携带、价格便宜等优点。同时，此类技术对噪声敏感，且在使用之前需要进行大量的训练。

三、人工智能芯片

　　未来的人工智能不仅有超级人工智能和脑机接口，还有人工智能芯片。

　　说到人工智能芯片，要从计算机的体系结构说起。一些专家认为，目前人工智能不能取得根本性突破的原因就在于现有的计算机体系与人脑完全不同。除了算法，计算机技术发展遵循冯·诺依曼体系，使得存放指令的内存与芯片处理器独立运行，两者之间需要反复交换信息，导致运算时间增多、运算成本提高。

　　计算机科学家早就知道人类大脑与现在的计算机完全不同。人们只需要瞬时感知即可获得大量的信息，能够很快做出分析、判断和采取行动。最重要的是，人类实现这一功能所消耗的能量非常小，大约 1 个小时仅消耗 20 瓦能量。

　　通过对人类大脑结构的研究，人们发现人脑是通过神经元和突触形成的脑神经回路传递信息，分布式和并发式传递信号。这种超级庞大的神经元回路可以进行超大规模运算，但其整体能量消耗较低。基于脑神经的工作原理，科学家研究在芯片电路中培养神经元组织，以实现信号的记录与刺激，其目的是建造具有解决问题能力的神经元网络，进而促成生物式计算机的诞生，此类芯片通常被称为"神经芯片"（Neurochip）。神经芯片制造先驱是加州理工学院的杰罗姆·派恩（Jerome Pine）和迈克尔·马赫（Michael Maher）团队。2003年，南加利福尼亚大学的希欧多尔·伯格（Theodore Berger）教授则基于神经元芯片研制了第一种大鼠高级脑功能假体。佛罗里达大学的托马斯·德马斯（Thomas DeMarse）教授则利用大鼠脑神经元芯片实现了F-22战斗机模拟程序操控。科学家预测，未来可实现人脑与智能芯片的深度融合，人脑可以利用智能芯片随时连接云端，快速修复和增强大脑功能。

四、机器智能伦理与约束

人工智能的到来使伦理问题变得更复杂了，人与人、人与社会和自然之间的问题，如今还有了第三者智能机器。谈到机器伦理，很多人会立刻想到阿西莫夫定律，即机器人三原则。美国著名的科幻小说家阿西莫夫在1942年所写的小说《转圈圈》中首次为机器人提出了行为三原则，包括以下内容。

○ **第一定律** ▶ 机器人不能伤害人类，在人类受危害时能及时主动给予帮助。

○ **第二定律** ▶ 在不构成对人类或社会造成伤害的前提下，完全服从于人类命令。

○ **第三定律** ▶ 在满足第一定律、第二定律基础上，具备自我防护意识。

机器伦理的核心内容如图4-18所示。其中包括人类和机器智能之间的伦理关系，机器智能与社会和自然之间的伦理关系，人类、机器智能、社会和自然三者之间的伦理关系，机器智能之间的伦理关系。这些伦理关系又包括人性、权利、责任、环境、利益、安全、算法歧视等多方面的内容。

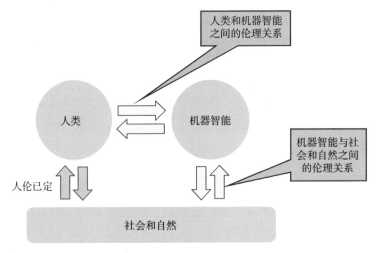

图 4-18　机器伦理的核心内容

发现伦理问题，其实就意味着约束。与阿西莫夫定律一样，界定机器智能哪些可以做，哪些不可以做，还需要进一步限定人工智能算法的伦理边界。

图 4-19　机器人索菲亚

（图片来源：https://upload.wikimedia.org/wikipedia/commons/2/27/Sophia_humanoid_robot_-_Word_Investment_Forum_2018_%2844775984264%29.jpg）

如果超过边界，就可能危害到人类的权利或损害人类的利益。这些约束需要通过法律、规范等不同层次的制度关联起来，明确责任利益关系，并确定违反时的惩罚措施，从而达到伦理约束的目的。当然，相信与人类的伦理一样，并不是所有问题都能归结为法律法规，还有一些问题需要算法和智能机器开发者的道德和责任感约束，比如机器人说脏话等行为。有一些问题还需要教育机器智能并形成机器智能的文化才能得到解决。图 4-19 为机器人索菲亚。

第四节 智能制造 5G 通信与泛在物联网络

一、何谓 5G

5G 是第五代移动通信技术的简称，是最新一代蜂窝移动通信技术，是 4G、3G 和 2G 系统在技术上的深化。图 4-20 展示了手机移动通信发展历程。5G 网络沿用了传统通信技术中的数字蜂窝网络结构，5G 无线设备通过无线电波与本地天线阵和自动收发器通信，天线再经光纤或无线电波连接互联网络，当移动智能终端随着用户在网络覆盖区移动时，移动设备自动切换连接到新蜂窝中的天线。

5G 通信网络数据传输快，最高传输速率是 4G 网络数据传输速率的数百倍。5G 通信网络延迟低，5G 网络时延低于 1 毫秒，而 4G 为 30~70 毫秒，5G 将与有线网络提供商竞争。5G 传输数据量大，5G 网络在毫米波波段内传输数据，频宽高达 400MHz，约是 4G 带宽的 20 倍。另外 5G 网络采用大规模多进多出 MIMO 技术，每个蜂窝将有多个天线与无线设备进行通信，可实现多个数据流同时并行传输。

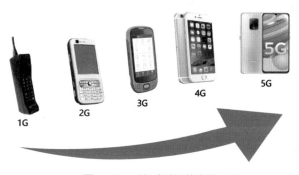

图 4-20 手机移动通信发展历程

二、5G 技术应用前景

在 5G 时代，信息获取方式转变为视觉信息输入方式为主，业务类型向满足移动视频、VR、AR 和 MR 应用业务的需求转变。未来 5G 网络技术将促进增强型移动宽带业务、车联网与自动驾驶、智能制造等多个领域行业应用推广。

1. 增强型移动宽带业务

由于 5G 网络在上行链路带宽、时延、网络容量和功耗等方面具有传统通信技术无法比拟的优势，将促使 VR、AR、MR、扩展现实（XR）营造具有身临其境的高度沉浸式的交互信息载体，成为文字、图片、视频之后的下一代信息载体。VR、AR、MR、XR 各类应用也将向无线网络迁移，人们可以身临其境地体验新闻事件和体育赛事直播，随时随地分享生活日常，VR、AR、MR、XR 设备将会与智能手机一样普遍。

2. 车联网和智能驾驶应用

5G 网络通信技术可以保证车辆与车辆之间，车辆与行人、路面基础设施之间的感知互联，为车联网、自动驾驶和大数据分析等提供技术支持。麦肯锡调查报告指出，无人驾驶汽车在全球范围内可节省人们 10 亿小时的通勤时间。此外，自动驾驶者可以免于操纵方向盘和监视路况，在驾驶时可以进行办公、娱乐、远程视频会议等活动，提高通勤体验。

3. 智能制造应用

基于 5G 通信技术，智能生产中的工业机器人、智能机床装备和智能物流装备可在设计、物料运输、加工制造、检验测试等工艺环节中实现互联互通，各智能设备将拥有计算、决策和通信能力，可以实现精确控制、协调和管理，达到可视化生产水平。基于 VR、AR 技术进行人机智能远程交互控制，可在代替恶劣环境中的人力劳动、实现制造过程可视化的同时，保证生产的安全和效率。

基于 5G 的移动 VR、AR 技术可以实现远程教学、员工虚拟培训和产品的后期在线运维。随着移动互联网技术与智能制造产业集成与融合，可通过大数据分析消费者的使用习惯、消费节奏和需求偏好，为客户定制个性化产品，增加产品的服务价值。

三、下一代通信—— 6G、7G

6G 是第六代移动通信技术的简称，是在 5G 基础上，融合卫星网络用于通信、遥测和导航，实现超宽带宽的"无线光纤"通信。6G 是 5G 通信在技术上的进一步深化，于 2020 年开始研发，预计 2026 年正式达到商用化水平。

6G 网络可实现全球覆盖，具有如下功能和特点：① 6G 相对 5G 技术，是一种成本低、速度快的新一代网络通信技术，网速高达 11Gbps（即使在偏远地区也能接入 6G 网络），理论下载速度预计可达 1TB/s；② 6G 系统可集成电信卫星网络、地球遥感成像卫星网络和导航卫星网络，提供更多即时通信服务；③ 6G 系统将通过纳米天线发射、接收信号，广泛布置于家庭、村庄、车站、医院等环境中；④ 6G 网络可实现高速移动的传感器应用技术，可实现远端观察，对有恐怖分子、入侵者活动的区域进行实时监测；⑤ 6G 网络可以借助高速光纤链路，改变传统的蜂窝通信结构，实现点到点（P2P）无线通信，进一步提高宽带信号传输速度。

6G 网络将集成 5G 网络与卫星网络，而卫星网络不尽相同，例如美国、中国和俄罗斯分别采用 GPS、北斗和 GLONASS 三种卫星导航系统，6G 将面临的一大挑战将是实现不同卫星系统之间的连接、切换和漫游，而这一挑战需要在 7G 时代解决。7G 将是在 6G 基础上，实现空间漫游的一种卫星网络通信技术。

第五节 智能制造共融机器人技术

一、共融机器人

1. 机器人定义

机器人是模拟人类或其他生物行为或思想的一种机械，在人类的干预下，按照既定程序指令协助或取代人类工作。机器人英文单词为 Robot，从"Robota"一词演化而来，是由捷克科幻作家卡雷尔·恰佩克在《罗素姆万能机器人》小说中首次提出，其概念来自泥人传说。

2. 机器人发展历程

目前机器人已经进入了智能机器人时代，但从其发展过程来看，科学家付出了数十年，甚至上百年的努力，经历了理论发展阶段、技术应用发展阶段和目前所处的智能机器人技术应用发展阶段。

1）第一阶段：理论发展阶段（1920—1948 年）

1920 年，卡雷尔·恰佩克首次提出"Robot"一词。1939 年，世界首台家用机器人 Elektro 问世。1942 年，美国科幻作家阿西莫夫提出机器人三原则，奠定机器人研发原则。

2）第二阶段：技术应用发展阶段（1954—1978 年）

1956 年，人工智能之父马文·明斯基首次提出智能机器概念，确定了之后几十年的智能机器人研究方向。

1954 年，美国人乔治·德沃尔制造出世界上第一台可编程机械手。1959 年，他与另一发明家约瑟夫·恩格尔伯格造出第一台工业机器人，成立了世界首个机器人公司——Unimation 公司，约瑟夫·恩格尔伯格被称为

"机器人之父"。

1962 年，首台商业化工业机器人沃尔萨特兰（VERSTRAN）诞生，掀起了机器人研发热潮，机器人系统开始集成触觉传感器、压力传感器、视觉传感器、光学及声呐传感器等。

1968 年，美国斯坦福研究所研发出首台智能机器人 Shakey。1969 年，日本早稻田大学加藤一郎研制了首台仿人机器人。

3）第三阶段：智能机器人技术应用发展阶段（1984 年至今）

1984 年，"机器人之父"恩格尔伯格推出 Helpmate 家庭智能机器人。1998 年，积木式乐高机器人实现商业化。翌年，索尼公司推出的机器人 AIBO，标志娱乐机器人进入商业化阶段。自此，家庭机器人、娱乐机器人相继进入研发热潮。2012 年，首台人形太空机器人"R2"进入国际空间站代替人类宇航员执行任务。2017 年，机器人索菲亚成为世界首个获得公民身份的机器人。

3. 机器人基本组成模块

机器人基本组成模块包括操作执行机构、驱动模块、检测模块、控制系统等部分。

01 执行机构是机器人本体，多由空间链杆和关节组成，完成机器人动作的规划和执行。

02 驱动模块主要接收控制系统指令，利用动力源驱动执行机构进行相关动作。

03 机器人检测模块主要实时检测机器人的运动轨迹、速度、受力和工作健康状态。

04 机器人控制系统是机器人的大脑，主要用于信号处理、分析与决策。

4. 机器人划分类型

根据国际机器人联盟（IFR）划分标准，机器人主要分为工业型和服务型两大类，工业机器人主要指用于生产制造相关的机器人，服务机器人指用于非制造业并服务于人类的各类机器人，有家庭用服务机器人及专业服务机器人。一般情况下，结合国际机器人联盟划分标准和国内特殊环境作业要求，可将机器人分为工业机器人、服务机器人、特种机器人。

5. 智能工业机器人关键技术

机器人是实现工业制造数字化、自动化和智能化发展的载体，是人工智能在工业制造应用中的关键环节。与智能制造相关的智能制造装备，如智能化机床、生产线和自动导引小车等均属于工业机器人范畴，目前机器人技术呈现三大发展趋势。

机器人软件、硬件融合。只有依托机器人软件载体，才能将人工智能嵌入硬件系统，实现数字化车间的车间布局及工业机器人路径规划。

虚拟与现实融合。机器人运行依托大量优化仿真和 VR 数据，作为实际工业生产的指导。

人机融合。智能制造指在制造工艺中融入人工智能技术，使装备具有感知、推理、决策和自学习能力，通过人与智能机械协作，不断扩大和完善机器人的知识库体系，进而在制造过程中逐渐取代人类专家的作用。

6. 共融机器人定义

共融机器人指能与人、机和作业环境自然交互，自适应复杂动态环境的协同作业机器人，主要体现为机器人的共存、协作与认知，保证机器人应用的普遍性、机器人交互的协调性和机器人对复杂环境的适应性。

　　未来的共融机器人终端作动器一般是由刚柔耦合系统组成，自适应于加工工作环境，实现刚柔耦合动力学系统建模与控制是增强机器人交互能力的前提。共融机器人目标是实现人－机－环境多模态感知与自然交互，共融机器人应具备视－听－触多传感系统，以获取机器人多工作模态信息及人体工作过程中生理信号特征，准确理解人体行为意图。共融机器人需要探索自主个体互动及感知决策信息的传播机理，实现集群协作控制。

二、智能制造可穿戴技术

1. 何谓可穿戴设备

　　可穿戴设备指穿戴或佩戴在使用者身上的微型电子设备，可由用户个人控制并能实现持续计算的人机交互系统，可穿戴设备应满足三个目标。

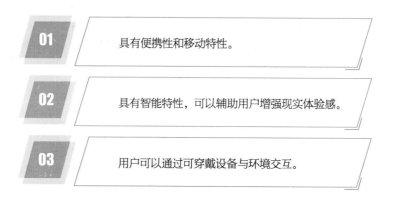

01 具有便携性和移动特性。

02 具有智能特性，可以辅助用户增强现实体验感。

03 用户可以通过可穿戴设备与环境交互。

2. 可穿戴设备分类

　　可穿戴设备通常是在服装、饰品中集成微型投影系统，微型显示屏，传声系统，触觉反馈系统，温度、压电、位移、速度、加速度传感器件和陀螺仪，振动马达，心率计，脉搏器件等，附着在人体各个部位，辅助实现人体健康指标测量，满足通信、工作和娱乐需求。

从穿戴方式上可分为头戴式穿戴设备、身着式穿戴设备、手戴式穿戴设备、脚穿式穿戴设备和携带类及其他穿戴设备。头戴式穿戴设备典型应用有 VR 眼镜、虚拟头盔、意念环等。身着式穿戴设备应用包括数据衣、塑身衣裤、智能防弹衣、情绪感应服和人类通用型负重外骨骼（HULC）等。手戴式穿戴设备典型应用包括智能手环、数据手套、智能臂环和智能戒指等。携带类及其他穿戴设备典型应用有"第六感"智能系统、智能项链及幼婴监护设备等。

3. 可穿戴设备应用前景

针对工业应用的可穿戴技术可在智能制造中的智能车间、产品装配、质量检测、产品装卸搬运及产品交付等环节参与应用，如智能手表、活动或健康跟踪器、可穿戴移动相机、智能眼镜和 AR 头戴式显示器等。其他具有潜力的技术包括用于控制环境的环形传感器、电子皮肤，甚至是跟踪大脑活动以实现镇静或聚焦的头带。工业可穿戴设备可以设计用于帮助工人执行特定任务或测量在危险环境中工作的健康参数，将危险环境中员工佩戴的可穿戴设备与员工福利奖金计划相关联，可用于进度跟踪，为员工福利提供证据，从而降低医疗保险成本。

一、普适计算定义

普适计算（Ubiquitous Computing 或 Pervasive Computing），亦称泛在计算，是一种融入环境中、消失在视线里的计算模式，可实现用户在任意时间、地点以任意的方式获取信息并实现计算处理。普适计算涉及内容广泛，融合分布式计算、移动计算、人工智能及多传感器网络数据融合计算等技术内容。

二、普适计算发展历程

普适计算概念最早由施乐公司（Xerox）帕克研究中心（PARC）的马克·魏瑟（Mark Wieser）提出，1991 年马克在《科学美国人》（*Scientific American*）杂志上提出 21 世纪计算机模型，同时正式提出在移动互联网背景下的普适计算概念。

1999 年，国际商业机器公司和欧洲信息社会技术咨询小组（ISTAG）研究所相继提出普适计算的类似概念，强调计算资源在生活环境中无所不在，可供人类随时随地获取信息，不需要随身携带或依托固定的计算设备。其核心思想是以较低的计算成本、小型的计算设施、以更加人性化的交互界面和快速的分布式网络参与计算。普适计算将使移动互联网、物联网技术得到应用普及，在智慧城市、智能交通等领域有着广泛的应用前景。

三、普适计算特点

普适计算是连接人与周围环境的关键环节,基于下一代移动通信技术,可以随时随地为人们提供透明化的数字计算服务。普适计算的关键技术包括移动通信技术、数据处理软件技术、普适计算操作系统软件技术和小型智能终端制造技术等,主要解决间断连接与轻量计算环境下的事务和数据处理。

普适计算将计算机、智能手机、平板电脑等移动设备,浏览器及远程在线程序、云计算应用程序、高速无线网络整合在一起,削弱传统计算机作为服务器的重要地位。而在物联网时代,汽车、房屋、家电、办公室、机器人等一旦连入网络,都将拥有超强的计算能力,此时计算机将彻底退居幕后,以更加自然的方式存在。

参考文献

［1］王昌，胡修鑫. 注塑模具的先进制造技术综述［J］. 机床与液压，2012，40（14）：123-129.

［2］李小丽，马剑雄，李萍，等. 3D打印技术及应用趋势［J］. 自动化仪表，2014，35（1）：1-5.

［3］亓培锋，孟庆浩，井雅琪，等. 用于白酒识别的电子鼻数据分析与参数优化［J］. 天津大学学报，2015，48（7）：643-651.

［4］张磊，褚学宁，刘振华，等. 航天产品装配工艺规划技术研究［J］. 机械设计与制造，2014（2）：265-268.

［5］田文胜，谭一炯. 基于DELMIA的三维装配作业指导书生成方法研究［J］. 中国制造业信息化，2012，41（11）：44-46.

［6］高献奎. 总装同步工程在产品开发中的应用［D］. 长沙：湖南大学，2014.

［7］林文博. 基于虚拟现实的生产线仿真关键技术研究及其应用［D］. 杭州：浙江大学，2019.

［8］胡江敏. 基于数字样机的产品装配公差分析技术研究［D］. 上海：同济大学，2007.

［9］尧德中. 脑机接口：从神奇到现实转变［J］. 中国生物医学工程学报，2014，33（6）：641-643.

［10］何庆华，彭承琳，吴宝明. 脑机接口技术研究方法［J］. 重庆大学学报，2002，25（12）：106-109.

［11］陈琪. 5G移动通信的发展及新特征概述［J］. 中国新通信，2015（12）：21.

[12] 王文. 5G 来了，赋能互联网 + 各行业重塑 [J]. 互联网经济，2018，39(5)：14-17.

[13] 侯忠坤. 六自由度教学机器人手臂系统研究 [D]. 成都：西南交通大学，2011.

[14] 谭建荣. 智能制造与机器人应用关键技术与发展趋势 [J]. 机器人技术与应用，2017（3）：18-19.

[15] 丁汉. 共融机器人的基础理论和关键技术 [J]. 机器人产业，2016（6）：12-17.

[16] 崔文晶. 基于柔性电子技术的可穿戴产品系统设计研究 [J]. 现代信息科技，2018，2（1）：92-94.

[17] 向浩. 基于可穿戴式设备的空调室内温度调控系统 [D]. 长沙：湖南师范大学，2018.

[18] DOGAN K M, SUZUKI H, GUNPINAR E, et al. A generative sampling system for profile designs with shape constraints and user evaluation [J]. Computer-aided design, 2019 (111): 93-112.

[19] SOUSA J P, XAVIER J P. Symmetry-based generative design and fabrication: A teaching experiment [J]. Automation in construction, 2015 (51): 113-123.

[20] ZHAO A, XU J, KONAKOVI-LUKOVI M, et al. RoboGrammar: Graph grammar for terrain-optimized robot design [J]. ACM transactions on graphics, 2020, 39 (6): 1-16.

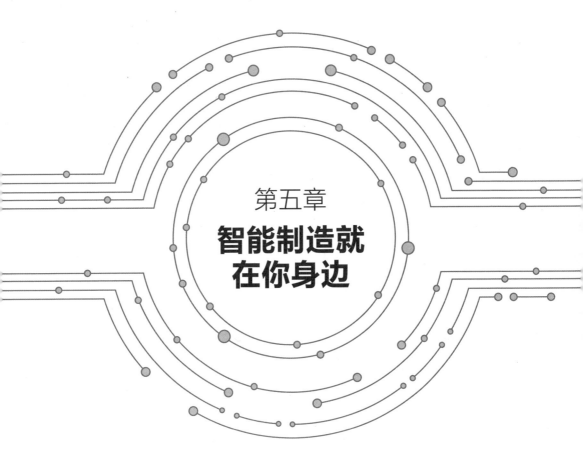

第五章

智能制造就在你身边

第一节 基于 VR、AR、MR 的制造技术

VR 是利用计算机技术，建立三维虚拟环境，为用户提供视觉、听觉、触觉，甚至是嗅觉的模拟，让用户如同身临其境。其关键技术包括：环境建模技术、立体声合成和立体显示技术、触觉反馈技术、交互技术、系统集成技术等。

AR 指通过电脑技术，将虚拟的信息应用到真实世界，真实的环境和虚拟的物体实时地叠加到同一个画面或空间。

VR 和 AR 应该具有交互性（Interaction）、沉浸感（Immersion）及构想性（Imagination）三个典型特征，简称为 3I 或 I^3（图 5-1）。

图 5-1 I^3：交互性、沉浸感和构想性

交互性　　指操作者能够对虚拟环境中的事物进行操作，并且操作的结果能被操作者所感知。例如，用户可以用手直接抓取模拟环境中虚拟的物体，这时手有握着东西的感觉，并可以感觉物体的重量，视野中被抓的物体也能立刻随着手的移动而移动。

沉浸感

又称临场感，指用户感到作为主角存在于模拟环境的真实程度。理想的模拟环境应该达到使用户难以分辨真假的程度（例如可视场景应随着视点的变化而变化），使用户全身心地投入计算机创建的三维虚拟环境中，该环境中的一切看上去是真的，听上去是真的，动起来是真的，甚至闻起来、尝起来等一切感觉都是真的，如同进入了一个真实的客观世界。

构想性

强调 VR 具有广阔的可想象空间。用户沉浸在虚拟环境中通过交互不仅可以获得新知识，还可以与虚拟环境相互作用，借助本身对所接触事物的感知和认知能力，启发思维，全方位地获取虚拟环境所蕴含的各种空间信息和逻辑信息。

VR 与 AR 的区别在于，VR 看到的场景和人物全是虚拟的，是把人的意识带入一个虚拟的世界。AR 看到的场景"半真半假"，是把虚拟的信息带入现实世界。

VR 与 AR 的融合应用，也被称为 MR。未来，MR 将是虚拟技术发展的另一个方向，是合并现实和虚拟世界而产生的新的可视化环境，强调在新的可视化环境里物理和数字对象共存，实时互动。

20 世纪 60 年代，VR 概念首先由美国国防部高级研究计划局信息处理技术办公室主任提出。1968 年，计算机图形学创始人伊凡·苏泽兰（Ivan Sutherland）研制出世界上第一台头盔式立体显示器。20 世纪 80 年代，美国国家航空航天局及美国国防部组织了一系列有关 VR 的研究，并取得了令人瞩目的研究成果。同一时期，多伦多大学史蒂夫·曼恩（Steve Mann）首次发明数字眼镜，提出 AR 概念。1985 年，史考特·费雪（Scott Fisher）等研制了著名的数据手套 VIEW。20 世纪 90 年代，任天堂开发首款针对游戏设计的家用 VR 设备。2010 年，微软发布了体感控制游戏系统

Kinect。2011 年，苹果开发 iPhone VR 显示器，使用现有的移动设备营造浸入式三维视觉体验。2012 年后，傲库路思（Oculus）、谷歌（Google）、宏达电（HTC）、索尼（SONY）等相继研制开发了头戴显示设备。2016 年，微软、Magic Leap 以及 Meta 公司开发出 AR、MR 设备。

经过多年的发展，VR、AR 与 MR 的应用开始渗透到制造业的方方面面。

○ **在研发方面** ▶ 波音公司在设计波音 777 时，就引入了 VR 进行验证。在波音 777 设计之初，波音公司首先打造了一个由 300 万个零部件虚拟模型组成的虚拟样机，设计师利用 VR 技术对该样机进行沉浸式交互，实时、直观地进行各项指标验证，审视"飞机"的各项指标是否达到设计标准，从而在波音 777 设计定型前就获得设计修改的反馈信息。这为波音 777 的研制节约了约 94% 的成本，减少了约 95% 的设计变更，模具设计的精度提高了约 10 倍，设计周期缩短了约 50%。

○ **在虚拟销售方面** ▶ 达索系统利用 3D 体验平台（3D Experience Platform）带来全新"DS 虚拟视觉"（DS Virtual Vision）沉浸式汽车定制体验，利用 VR 向客户展示未来的产品，消费者戴上 HTC VIVE 头戴式显示器就能在逼真环境下，完成对汽车内部、外部的体验，还可在 VR 中选择不同车型的不同组合，包括内饰、车身颜色和配置等，开创了革命性的购车体验。

○ **在虚拟远程运维方面** ▶ AR 的引入，使得异地专家可以通过网络获取现场实际的数据，结合 VR 在专家的计算机上再现故障现场，专家在本地真实的体验中进行交互，从而对问题进行分析、诊断，提出维修方案指导问题解决。如微软 HoloLens 的 MR 在蒂森克虏伯电梯的维保应用。维保人员在现场检修时，无须翻阅厚重的纸质维修手册，直接通过 AR 将维修指南叠加在设备或故障零部件旁，就能非常直观地指导故障解除。此外，还可通过远程视频功能，连线身处异地的专家，通过视频，专家可直观地了解故障情况，与现场维保人员协同解决问题，专家如同身临其境指导维修。该技术的初步试验显示，电梯维保工作效率提高了将近 4 倍。

第二节 运用数字孪生把控现实制造

　　Digital Twin，一般被译为数字孪生，也有人称之为数字镜像、数字映射、数字化双胞胎，目前，业界还没有统一称呼。之所以有这么多不同的称呼，是因为大家对它的理解不一样。简单理解，可认为数字孪生是在计算机系统中对物理实体进行全面精准刻画的数字化模型。不过，这个数字化模型不是一成不变的，而是随着物理实体每一次变化（如状态更新、维护维修、升级改造）产生相应的实时变化，甚至可以通过数字化模型控制和优化实体行为。

　　全球著名的工业软件厂商如 PTC、西门子、达索等均对数字孪生开展了积极的实践探索，如物理模型、传感器更新数据、运行历史数据等，在虚拟空间中对相应物理实体的全生命周期过程进行多尺度、多层次、多物理量仿真，从而真实刻画物理实体的状态、行为及运行规则等。

　　为了更好地理解数字孪生，我们先来看看电影《黑客帝国》：剧中介绍，在未来的 21×× 年，当机器文明战胜人类文明后，机器文明创造了母体 Matrix 这个完全的数字世界，让现实世界的人们精神数字化，在数字世界与真实世界中人的大脑连通，让人们认为自己生活在真实世界中。我们用舰长墨菲斯与救世主尼尔说的一段话来介绍数字世界 Matrix：

　　　　"这是一个建造物，我们的寄存程序
　　　　我们可以寄存衣服、设备、武器、模拟训练
　　　　样样都可以（模拟）

> *你一直生活在数字模拟世界*
> *Matrix 是一种控制，是电脑模拟的梦世界*
> *......"*

在 Matrix 这个数字世界中，一切需要人去介入的环境或事物都用了数字化手段进行模拟，Matrix 用一个数字化大脑驱动着人类的发展。整部剧中的现实世界与母体的数字世界的关系类似于数字孪生中现实世界与虚拟空间的关系。

现在，我们再来理解数字孪生。数字孪生可以被认为是现实世界实体的数字化表现，数字孪生集成了物联网、大数据、人工智能和机器学习等技术，将模型、数据、算法和决策分析等结合在一起，建立物理实体的数字化模拟，在设计、制造、服务等全生命周期的各个阶段辅助业务决策与业务创新，也可以帮助企业在运营过程中实现事前预测、事中诊断与处理，以及事后分析优化等功能。随着数字化程度越来越高，真实与仿真数据越来越丰富，算法应用能力越来越深入，企业解决复杂问题的能力将得到极大提升。

基于数字孪生的功能实现可以分为四个层次，即映射、监控与操纵、诊断、预测。

映射　　数字孪生的最低层次，其表现为建立物理实体的三维可视化模型以刻画其尺寸、位置、装配关系等几何参数。映射在实际运用中有许多案例，比如基于数字孪生的设备运行轨迹模拟、装配过程仿真、操作模拟培训等。通过映射功能，能够更深入地了解物理实体内部结构与功能。

监控与操纵

即保证物理实体和虚拟模型的数据联通，通过虚拟模型实时反映物理对象的状态变化，并对物理对象状态和行为进行必要调整。例如，我们可以在自行车上装载传感器记录自行车压力、速度及地理位置等数据，然后将这些传感器数据叠加到虚拟模型上实现对自行车状态的实时监测，并通过数据分析反馈路径规划、维修建议等信息以指导使用过程。

诊断

即当设备发生异常时，基于物理实体实时数据与虚拟模型仿真数据寻找故障原因。例如，当机床设备故障时，一方面获取机床当前运行状态数据；另一方面通过模型仿真产生更加丰富的仿真数据，如设备内部零部件应力场及温度场等物理参数、设备异常小数据、极限环境数据等，使表征机床状态的数据更加多样化，从而支持更精准的故障诊断。

预测

最高层级，帮助企业预测潜在风险，合理规划产品或设备的运行与预测性维护。比如通用电气公司为每个引擎、每个涡轮、每台核磁共振创造一个数字孪生，通过这些拟真的数字化模型在虚拟空间进行反复调试与试验，可获得使机器效率提高的最优方案，从而大大优化设备性能。如果将数字孪生应用到数字化工厂中，则能从构想、设计、测试、仿真、规划等环节模拟生产全过程，提前预测可能出现的矛盾、缺陷、不匹配等问题，提高生产质量与效率。

当前，数字孪生已引起各个领域广泛关注，如卫星、飞行器、汽车、船舶、石油化工（如图5-2所示）、教育、娱乐等。基于数字孪生的映射、监控与操纵、诊断、预测功能将助力各行业不断创新，创造更多价值。

图 5-2　基于数字孪生的石油开采

（图片来源：https://upload.wikimedia.org/wikipedia/commons/1/16/Oil_rig_Jan_23.jpg）

第三节 基于增材制造的设计

　　增材制造是基于材料堆积的一种高新制造技术，根据零件或物体的三维模型数据，通过快速成型设备（如 3D 打印机），运用激光束、热熔喷嘴等将金属粉末、陶瓷粉末、塑料等可黏合材料，以分层加工、叠加成形的方式逐层增加材料来生成 3D 实体。与传统制造业通过模具、车、铣等机械加工方式对原材料进行定型、切削以生产最终成品不同，增材制造将三维实体变为若干个二维平面，通过对材料处理并逐层叠加进行生产，大大降低了制造的复杂度。

　　增材制造与普通打印机打印的工作原理基本相同，只是打印材料有些不同，3D 打印机内装有金属、陶瓷、塑料、凝胶等不同的打印材料，它们是实实在在的原材料，打印机与电脑连接后，人们通过控制电脑可以把打印材料逐层叠加起来，最终把计算机上的蓝图变成实物。这种分层加工的过程与喷墨打印原理十分相似。通俗地说，通过 3D 打印机是可以制造出一个 3D 物体的，比如打印一个飞机零部件、汽车零部件等。

　　这种数字化制造模式不需要复杂的工艺、庞大的机床、众多的人力，可根据计算机图形数据直接生成任何形状的零件。与传统制造技术相比，增材制造技术优势尽显，如以较低的成本制造复杂物品、设计空间无限、减少废弃的副产品、材料无限组合等，堪称制造工艺的颠覆性创新。

　　事实上在 20 多年前，3D 打印技术就已经能用树脂或胶等材料制作产品。近几年，人们将 3D 打印结合信息技术、材料工程等，成功地将几十年前就有的工艺技术重新组合利用。随着激光和电子枪等关键元器件品质不断提高，

3D 打印可使用的材料范围不断扩大，现阶段可使用激光和电子束进行金属材料的表面工程和增材制造（激光烧结技术）。

下面我们来看看身边的基于增材制造技术的设计。

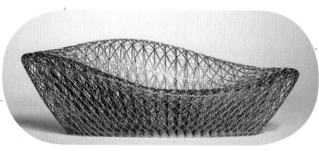

图 5-3　3D 打印躺椅沙发

图 5-4　3D 打印戒指

图 5-3 是极复杂的 3D 打印躺椅沙发，结构类似"鸟巢"，设计灵感来自蜘蛛网和蚕蛹，总重 2.5 千克，不仅可以轻易移动，还可以支撑 100 千克以上的重量。

3D 打印技术让首饰设计更简单（如图 5-4 所示），它突破了传统首饰设计的局限，降低设计制造产品的门槛，将私人定制价格做到人人都能承受的大众价格，并给设计带来了无限可能。

艺术品总是能超出人们的想象，而 3D 打印将其推入另一个高潮，只要能设计出来，就能做出来（如图 5-5 所示）。除此之外，还有定制鞋、人工关节、比萨饼（如图 5-6、图 5-7、图 5-8 所示）等 3D 打印产品。

图 5-5 3D 打印艺术品

图 5-6 3D 打印定制鞋

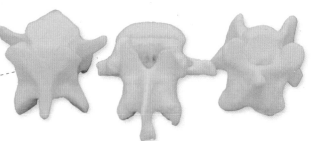

图 5-7 3D 打印人工关节

图 5-8 3D 打印比萨饼

一、什么是无人驾驶汽车

无人驾驶汽车又称自动驾驶汽车、电脑驾驶汽车或轮式移动机器人，是一种通过电脑系统实现无人驾驶的智能汽车。自动驾驶汽车发展的时间仅有几十年，目前已经走进了我们的生活。

2018 年，美国 Waymo 公司开始在亚利桑那州凤凰城开展商业化运营，车型为克莱斯勒公司 Pacifica MPV，收费价格比优步打车（Uber）还要便宜。在中国，2018 年，小马智行公司在广州国际车展期间开展搭载自动驾驶技术的新能源出租车示范运营，接受大众的预约试乘，运营线路是官洲地铁站附近的公开路段。这些车辆是基于福特林肯 MKZ 轿车改装的。

二、自动驾驶汽车的标准

目前有很多国家都发布文件定义了自动驾驶汽车的级别，但是全球主要国际车企普遍引用参照的标准是美国汽车工程师学会于 2014 年 1 月发布的 SAE J3016 标准《标准道路机动车驾驶自动化系统分类与定义》，该标准对自动化的描述分为 6 个等级：L0~L5，用以明确不同级别自动驾驶技术之间的差异性，其中 L0 代表没有自动驾驶加入的传统人类驾驶，L1~L5 则随自动驾驶的技术配置和成熟程度进行了分级（表 5-1）。L1~L5 分别为部分驾驶辅助、组合驾驶辅助、有条件自动驾驶、高度自动驾驶、完全自动驾驶。目前量产汽车中自动驾驶级别最高的车型为奥迪 A8，它于 2018 年 5 月上市，搭载了车规级激光雷达，安装在前脸的摄像头每秒可对路况进行 18 次扫描。

表 5-1 《标准道路机动车驾驶自动化系统分类与定义》对自动化的描述分为 6 个等级

分级	名称	车辆横向和纵向运动控制	目标和事件探测与响应	动态驾驶任务接管	设计运行条件
L0	应急辅助	驾驶员	驾驶员及系统	驾驶员	有限制
L1	部分驾驶辅助	驾驶员及系统	驾驶员及系统	驾驶员	有限制
L2	组合驾驶辅助	系统	驾驶员及系统	驾驶员	有限制
L3	有条件自动驾驶	系统	系统	动态驾驶任务接管用户（接管后成为驾驶员）	有限制
L4	高度自动驾驶	系统	系统	系统	有限制
L5	完全自动驾驶	系统	系统	系统	无限制 *

* 排除商业和法规因素等限制。

三、自动驾驶汽车的历史

自动驾驶汽车的研究起源于 2004 年美国国防部组织的无人驾驶汽车比赛，美国国防部高级研究计划局（Defense Advanced Research Projects Agency，DARPA）于 2004 年出资 100 万美元，组织十余个项目组研制无人驾驶汽车穿越了美国西南部的莫哈韦沙漠。2012 年，美国互联网公司谷歌邀请 DARPA 沙漠超级挑战赛的科学家加盟，在丰田混合动力汽车普锐斯的基础上，试制了搭载激光雷达设备的自动驾驶汽车。美国内华达州机动车辆管理局为谷歌的自动驾驶汽车颁发了美国首例自动驾驶汽车车牌，允许这辆汽车在公共道路测试行驶。2016 年，中国车企长安汽车研发的两辆基于睿骋轿车改装的自动驾驶汽车从重庆出发，途经西安、郑州、石家庄等市，安全行驶约 2000 千米到达北京。

四、自动驾驶汽车的工作原理

无人驾驶技术是多个技术的集成，一个无人驾驶系统包含了多个传感器，包括激光雷达、毫米波雷达、超声波雷达、车载摄像头、超声波、GPS、陀螺仪等。每个传感器在运行时都不断产生数据，而且系统对每个传感器产生的数据都有很强的实时处理要求。

下面以无人驾驶汽车为例介绍无人驾驶技术。

无人驾驶汽车指利用车载传感器来感知车辆周围环境，并根据感知所获得的道路、车辆位置和障碍物信息，控制车辆的转向和速度，从而使车辆能够安全、可靠地在道路上行驶（如图 5-9 所示）。无人驾驶集自动控制、人工智能、视觉计算等众多技术于一体，是计算机科学、模式识别和智能控制技术高度发展的产物。

准确地说，无人驾驶汽车就像是一个智能机器人，同车配置的各种摄像

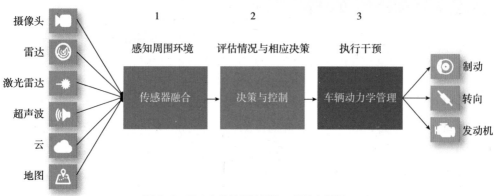

图 5-9　无人车软件系统模块（程增木供图）

头就像是汽车的"眼睛"，传感器就像是汽车的"手"，而整套操作系统就像是汽车的"大脑"。

无人车软件系统的典型功能模块——感知模块负责从传感器数据中探测计算出周边环境的物体及其属性。这些物体信息经过预测模块的计算，生成预测轨迹传递给决策规划控制系统中的行为决策模块。路由寻径模块，其作用在简单意义上可以理解为无人车软件系统内部的导航，但其细节上紧密依赖于专门为无人车导航绘制的高精度地图。

决策规划控制系统的任务是在对感知到的周边物体的预测轨迹的基础上，结合无人车的路由意图和当前位置，对车辆做出最合理的决策和控制。整个决策规划控制软件系统可以按照解决问题的不同层面，自上而下划分为行为决策、动作规划，以及反馈控制这三个模块。

其中，行为决策模块在宏观上决定了无人车如何行驶。例如，在路由寻径要求无人车保持当前车道行驶，感知发现前方有一辆正常行驶的车辆，行为决策的决定便很可能是跟车行为。动作规划模块，解决的是具体的无人车动作的规划，其功能可以理解为，在一个较小的时空区域内，具体解决无人车从 A 点到 B 点如何行驶的问题。反馈控制模块的核心任务则是消化上层动作规划模块的输出轨迹点，对车辆自身进行控制，并对外界物理环境交互建模。

目前自动驾驶汽车采用信息融合的方式，收集汽车周围的多方面的信息，经过车载计算机的高速实时处理，控制汽车安全到达目的地。自动驾驶汽车主要采集信息的方式分为四种。

1. 传感器

自动驾驶汽车主要用到的传感器有激光雷达 LIDAR、毫米波雷达和摄像头三种。激光雷达是利用激光进行探测和测距技术的简称。除了需要激光发射器，这一系统还需要有一个高精度的接收器。它通过独特的方法提供被探测物体的三维影像，激光雷达主要被用于测量到固定或移动物体间的距离。

毫米波雷达系统一般采用 24 吉赫或 77 吉赫的工作频率。77 吉赫的优势在于其对测距和测速的准确性更高，水平角度的分辨率也更好，同时天线体积更小，也更少出现信号干扰的情况。摄像头可通过图像识别的方法感知汽车周围的车辆、行人和障碍物，在距离低于安全限值时，发出报警信号，或者直接控制汽车制动或减速，避免危险事故的发生。

2. V2X 通信技术

V2X，意为 vehicle to everything，即车对外界的信息交换。车联网通过整合全球定位系统导航技术、车对车交流技术、无线通信及远程感应技术奠定了新的汽车技术发展方向，实现了手动驾驶和自动驾驶的兼容。简单来说，搭配了该系统的车型，在自动驾驶模式下，能够通过对实时交通信息的分析，自动选择路况最佳的行驶路线，从而大大缓解交通堵塞。除此之外，通过使用车载传感器和摄像系统，还可以感知周围环境，做出迅速调整，从而实现"零交通事故"。例如，如果行人突然出现，汽车可以自动减速至安全速度或停车。

3. 北斗高精度定位

中国北斗卫星导航系统（BeiDou Navigation Satellite System，简称 BDS）是中国自行研制的全球卫星导航系统。它是继美国全球定位系统（GPS）、俄罗斯格洛纳斯卫星导航系统（GLONASS）、欧洲伽利略卫星导航系统（Galileo Satellite Navigation System）之后第四个成熟的卫星导航系统。它可以为自动驾驶汽车提供高精度的位置坐标，保证汽车安全行驶。

4. 高精度地图

高精度地图专为无人驾驶车设计，包含道路定义、交叉路口、交通信号、车道规则及用于汽车导航的其他元素。高精度地图能在许多方面为无人驾驶车提供帮助，高精度地图通常会记录交通信号灯的精确位置和高度，从而大大降低感知难度。

五、展望未来

自动驾驶汽车技术发展很快。目前在中国汽车市场，很多本土自主品牌车企已经开始生产销售 L2 级的自动驾驶汽车。例如吉利缤瑞 A+ 级轿车，其具备 L2 级自动驾驶辅助系统，包含了预碰撞系统、行人识别保护、车道偏离辅助系统、全景影像等功能，其中车道偏离辅助系统报警后若驾驶员仍未做出反应，系统则会施加 3 牛顿米的纠正转向助力使车辆回归线内，大幅降低了因人为疏忽导致的潜在安全隐患。另外，国际车企预计全自动驾驶汽车在 10 年内可实现商业化。相信不久的将来，我们大家都可以乘坐自动驾驶汽车出行。

六、无人驾驶技术在高铁的自动驾驶

京张高铁起自北京北站，终到张家口站，途经北京市和河北省，正线共设北京北、清河、沙河、昌平等 10 个车站，线路全长约 174 千米。京张高铁与张呼（呼和浩特）、张大（大同）两条高铁衔接，十分重要。

智能京张高铁是世界首条时速 350 千米 / 时的智能化高铁，其首发列车为复兴号 CR400BF-C 型智能动车组，是世界上首次实现时速 350 千米 / 时的有人值守自动驾驶商业运营动车。列车根据调度中心规划预设的计划运行，可实现发车、加速、减速的精准控制，拥有到点自动开门、区间自动运行、到站自动停车、停车自动开门等功能。

智能动车组的智能运维体现在对列车健康状态的智能化维护上：CR400BF-C 型智能动车组增加了 10% 的传感器，可以实时监控列车重要零部件的状态，并进行故障预警预测、关键故障精确定位、检修策略建议。

智能京张高铁应用 CTCS-3+ATO 列控系统，可以实现智能动车组列车到站后与站台门的联动控制。列车自动速度控制功能精度达到 2 千米 / 时以内，停车精度可控制在 0.5 米以内。

2022 年北京冬奥会期间，多功能车厢"变身"媒体车厢，各国记者可以在车厢中一边观看 5G 赛事直播，一边发稿。

七、无人驾驶技术在飞机、船舶、航天器体验中的应用

无人驾驶技术在汽车、飞机、船舶、航天器体验中得到了广泛的应用（如图 5-10、图 5-11 所示）。

图 5-10　无人驾驶飞机——美国"全球鹰"无人机

（图片来源：https://commons.wikimedia.org/wiki/File:A_very_big_radio_controlled_aircraft.jpg）

图 5-11　无人驾驶航天器——自动货运飞船 ATV-2

（图片来源：https://upload.wikimedia.org/wikipedia/commons/f/fe/View_of_ATV-2_-_cropped_and_rotated.jpg）

第五节 跨尺度微纳制造中的原子层沉积技术

一、原子层沉积技术

随着半导体行业的发展不断推进，电子器件不断走向微型化和集成化。小小的一块芯片，在显微镜下放大观看，其复杂程度不亚于一座城市。对于这种高度集成化的器件来说，要让这些间隔如此小的微纳结构相互协同、互不干扰地工作，其两两之间的界线必须棱角分明。但目前，对于传统的化学气相沉积（CVD）和物理气相沉积（PVD）来说，想要在如此微小的尺度上实现复杂结构的有效、精确的可控沉积仍存在一些问题，因此需要一种能够同时满足材料多样化要求及生长精确可控的沉积方法，以作为目前日益复杂化、集成化的电子器件的发展基础。

原子层沉积技术，是一种基于有序、表面自限制反应的化学气相薄膜沉积方法。通俗来说，可以将一层层亚纳米厚的薄膜均匀地"包"在物体表面。这种能够将各种功能材料，在亚纳米尺度上实现均匀包覆的技术，能很好地解决目前功能器件中的缺陷和均匀性不佳的问题。原子层沉积技术最大的特点是将传统的化学气相反应有效地分解成两个半反应，先向腔体内部通入一种前驱体 A，它会与基底的表面基团反应从而均匀地吸附在基底表面，需要用惰性气体将多余的 A 吹走。之后再通入另一种前驱体 B，B 与基底表面的一层 A 反应，同样需要用惰性气体将多余的 B 吹走，这些过程构成一个生长循环，从而形成一层均匀的薄膜，而每个循环生长的薄膜厚度一致，可以通过对生长循环数的控制，来实现对薄膜厚度的精确控制，如图 5-12 所示。因此，原子层沉积是一种精确可控的薄膜生长技术。

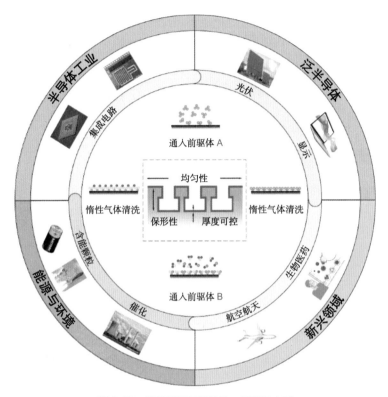

图 5-12　原子层沉积的特性、原理和应用

　　由于其独特的生长方式，原子层沉积具有如下特点：由于前驱体在基底表面具有饱和化学的特点，因而决定了每次循环薄膜生长的厚度，而薄膜按原子层生长，可以实现薄膜厚度在亚纳米级的精确控制且具有较高的可重复性。由于原子层沉积技术存在生长的自限制性，因而得到的薄膜具有良好的均匀性和较高的密度。基于原子层沉积技术生长的特点，其可在复杂结构表面生长，并在其表面实现均匀包覆。这些特点，使得原子层沉积技术在各个领域得到了广泛的应用，同时，原子层沉积技术本身也在不断地发展。

　　随着微机电系统（MEMS）的崛起，在纳米尺度形成各种复杂的结构和图案的需求愈加强烈。目前主流的加工方法为刻蚀法，通过激光或电子等将设计好的图案化形状"复印"到薄膜表面，再通过后续的处理在基底表面得到特定的图案。其过程就像用刀切蛋糕，要想切出特定的图案，需要从蛋糕的表面开始，切除边界，然后去除其他位置。而原子层沉积技术则为此提供了一种与传统的"从上到下"切出图案不同的解决方案。

原子层沉积技术提供了一种类似增材制造的方法，通过在特定区域一层层堆叠得到图案。对基底特定区域的表面进行改性，使前驱体仅在该区域吸附，从而在原子层沉积循环中，仅在特定的区域进行生长。通过这种选择性沉积，达到图案化的目的，实现原子级精度的有效控制，从而很好地解决了光刻加工过程中的精度及缺陷的问题。

二、原子层沉积的发展历史

原子层沉积最早被用来开发电致发光薄膜器件，1974 年，托莫·松托拉（Tuomo Suntola）发现原子层沉积技术这种先进的薄膜沉积技术，并将它命名为"原子层外延"（ALE），通过这种方法，制备了 Al_2O_3 层以及 ZnS 层并将其运用到平板显示器中。之后，原子层沉积技术不断推进，而半导体行业的发展成为原子层沉积技术突破的一大助力。微电子器件的迅速发展，要求电子器件在集成化的同时，还能保证其精度，呈现"小而精"的特点。因此，生产电子器件不仅需要能够适应多种功能材料的要求，更能够在沉积过程中精准控制薄膜的厚度和形成均匀表面，同时，器件的稳定性要求在加工过程中尽量减少孔洞、空隙等缺陷，而原子层沉积技术很好地满足了这些要求。

三、原子层沉积的应用

原子层沉积技术，因其独特的生长方式和沉积特点，目前已被广泛地应用到微电子、新能源、电子和光电材料、催化等各个领域中。

选择性原子层沉积技术

高端芯片制造是推进计算和通信技术发展、物联网技术等的关键，大规模集成电路制造也是长期困扰我国制造行业发展的"卡脖子"技术 。当前自上而下纳尺度制造,如光刻方法正逼近其分辨率极限,同时制程中需要经历多次对准与刻蚀,对于设备精度要求极高,价格昂贵且良率不高,这是目前半导体工业进一步发展所面临的最大障碍。为促进微纳电子器件进一步微型化和性能提升,利用薄膜层选择性生长的原子尺度自对准来实现芯片各级结构增材制造成为当前半导体工业中各国竞争新的制高点。

早在 1959 年,诺贝尔物理学奖获得者、著名物理学家费曼就在《微观世界有无垠的空间》(*There's Plenty of Room at the Bottom*)的主旨报告里提出了在原子尺度上进行纳米操作和装配的可能性,以极强的前瞻性预言了21 世纪各国争相占领的高地——纳米技术。自下而上的工艺制程可以实现指定区域沉积薄膜材料的原子精度自对准生长,被认为是纳米制造领域的"圣杯",也是未来半导体领域中制造的终极解决方案(图5-13),作为共性平台技术,也能够辐射到其他微纳制造领域,如微机电系统、集成传感器等应用,以及更广泛的光电、能源、环境等领域。

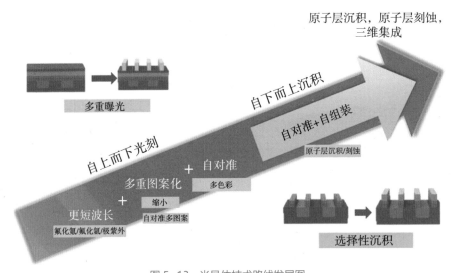

图 5-13　半导体技术路线发展图

针对目前半导体加工的加工精度瓶颈的限制，基于原子层沉积的方法，发展选择性原子层沉积能为精密微纳加工提供另一种解决方案。

选择性原子层沉积，通过在基体表面做不一样的处理，使其表面具有不同的化学键，或呈现不同的导电性，或具有不同的表面极性，或具备不同的表面张力。通过前驱体分子根据不同的特性实现选择性吸附，通过控制循环数量来实现区域成膜。其具有传统原子层沉积方法的优势，同时相对于现有的刻蚀加工方法来说，具有加工精度更高，制造成本更低等特点，具有潜在的应用价值。

1）区域选择性

传统自上而下的半导体刻蚀等加工技术受到加工精度、边缘对准精度的限制，很难满足目前半导体行业日益集成化、高效化的发展需求。而基于原子层沉积技术的原理，区域选择性原子层沉积（图5-14）的方法能够从根本上改变这些误差的产生来源，提高加工精度。其主要过程是：通过对基底表面特定区域进行特殊的处理，使其特性发生改变，像蒙上一层"疏水层"一样，当前驱体分子通入时，这些经过处理的区域就会对其产生抵抗从而抑制前驱体分子的吸附。而未经处理的表面就和原子层沉积反应

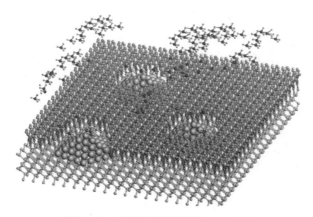

图5-14　区域选择性原子层沉积示意图

一样产生正常反应。因而增加原子层沉积循环数目时,经过处理的区域就不会沉积,而未处理的区域就被沉积薄膜,从而达到特定区域选择性沉积的目的。

2)晶面选择性

区域选择性原子层沉积提供了一种自下而上的微纳结构加工方法,能避免传统半导体加工过程中的精度和缺陷问题。当对象尺度继续减小到纳米颗粒时,同样可以利用选择性原子层沉积技术,在亚纳米精度上,对颗粒的特定晶面进行修饰(图5-15)。这种方法,相当于一个个亚纳米的"外科手术刀"能够对细小的纳米颗粒进行定向修饰。

对于催化剂来说,从原子尺度上对催化剂进行设计,能够大大提高催化剂的催化性能和效率。晶体往往具有一定的晶格结构,尺寸范围在亚纳米级别,形状结构就如骰子,有一定的面和棱边。而不同的晶面具有不同的能量,可通过原子层沉积技术来优先对能量低的晶面进行吸附,并通过精确控制生长来使其实现特定晶面的选择性生长。这种方法,能够在纳米尺度上直接对颗粒进行改性,从而提高催化剂的催化活性和稳定性。

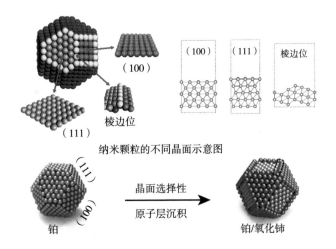

纳米颗粒的不同晶面示意图

原子层沉积在不同晶面选择性生长

图5-15 原子层沉积的晶面选择性

参考文献

[1] 程增木. 智能网联汽车技术入门一本通 [M]. 北京：机械工业出版社，2021.

[2] LI B T, CHEN D F. Design, manufacture, inspection and application of Non-circular Gears [J]. Journal of mechanical engineering, 2020, 56 (9)：55-72.

[3] GEORGE S M, OTT A W, KLAUS J W. Surface chemistry for atomic layer growth [J]. The journal of physical chemistry, 1996, 100 (31)：13121-13131.

[4] GEORGE S M. Atomic layer deposition：An overview [J]. Chemical reviews, 2010, 110 (1)：111-131.

[5] KNEZ M, NIELSCH K, NIINISTOE L. Synthesis and surface engineering of complex nanostructures by atomic layer deposition [J]. ChemInform, 2008, 39 (3)：3425-3438.

[6] YANG J Q, ZHANG J, LIU X, et al. Origin of the superior activity of surface doped $SmMn_2O_5$ mullites for NO oxidation：A first-principles based microkinetics study [J]. Journal of catalysis, 2018 (359)：122-129.

[7] JOHNSON R W, HULTQVIST A, BENT S F. A brief review of atomic layer deposition：From fundamentals to applications [J]. Materials today, 2014, 17 (5)：236-246.

[8] NALWA H S. Handbook of thin film materials [J]. Handbook of thin films, 2002 (9)：103-156.

[9] RITALA M, LESKELA M. Atomic layer epitaxy: A valuable tool for nanotechnology [J]. Nanotechnology, 1999 (10): 19-24.

[10] GRANNEMAN E, FISCHER P, PIERREUX D, et al. Batch ALD: Characteristics, comparison with single wafer ALD, and examples [J]. Surface and coatings technology, 2007, 201 (22-23): 8899-8907.

[11] LIU X, ZHU Q Q, LANG Y, et al. Oxide nanotraps-anchored Pt nanoparticles with high activity and sintering resistance via area-selective atomic layer deposition [J]. Angewandte chemie International edition, 2017, 56 (6): 1648-1652.

[12] MINH D N, KIM J, HYON J, et al. Room-temperature synthesis of widely tunable formamidinium lead halide perovskite nanocrystals [J]. Chemistry of materials, 2017, 29 (13): 5713-5719.

[13] CAO K, SHI L, GONG M, et al. Nanofence stabilized platinum nanoparticles catalyst via facet-selective atomic layer deposition [J]. Small, 2017, 13 (32): 1700648.

[14] WEN Y W, CAI J M, ZHANG J, et al. Edge-selective growth of MCp_2 (M=Fe, Co, and Ni) precursors on Pt nanoparticles in atomic layer deposition: a combined theoretical and experimental study [J]. Chemistry of materials, 2019, 31 (1): 101-111.

[15] XIANG Q Y, ZHOU B Z, CAO K, et al. Bottom up stabilization of $CsPbBr_3$ quantum dots-silica sphere with selective surface passivation via atomic layer deposition [J]. Chemistry of materials, 2018, 30 (23): 8486-8494.